SUR LES

HOMOLOGIES DES MOUSSES

PAR

M. le Dr Paul VUILLEMIN

CHEF DES TRAVAUX D'HISTOIRE NATURELLE A LA FACULTÉ DE MÉDECINE DE NANCY

INTRODUCTION.

Les Mousses, avec les Hépatiques leurs proches parentes, tiennent évidemment le milieu, par la complication de leur structure, entre les Thallophytes et les Cryptogames vasculaires. Cette simple notion du degré d'organisation ne nous apprend rien de précis sur leurs affinités réelles; elle engage toutefois à examiner cette question au point de vue des relations existant entre les deux grandes subdivisions des végétaux : d'une part, les plantes purement cellulaires, dépourvues de membres définis et, de l'autre, les plantes vasculaires caractérisées par une haute différenciation histologique et anatomique.

Cependant la plupart des botanistes laissent de côté cette étude; les uns semblent considérer les Mousses comme une quantité négligeable dans le monde des plantes et l'on pourrait citer telle histoire du développement du règne végétal dans les temps géologiques, où le nom des Muscinées ne figure pas une seule fois; d'autres naturalistes, et parmi eux de fervents bryologues, admettraient volontiers qu'elles constituent un ensemble indépendant, isolé dans la nature, un règne à part pour ainsi dire. Ces deux

opinions extrêmes ne pouvaient satisfaire les botanistes convain-
cus du rigoureux enchaînement qui unit les différents groupes
de plantes, de l'imposante régularité qui règne dans le monde
organisé sans laisser aucune place au caprice. Un arbre généalogique est le symbole qui résume le mieux les relations démontrées
entre les végétaux divers par l'ontogénie, l'anatomie comparée,
la paléontologie, que l'on admette, avec l'école transformiste, la
réalité de cette filiation, ou que l'on croie à une création distincte
pour chacun des rameaux épanouis depuis les plus anciennes
périodes géologiques et à une simple parenté de formes.

S'appuyant sur ce principe, divers auteurs ont recherché les
affinités des Muscinées. Leurs rapports avec les plantes inférieures
sont difficiles à préciser en raison du polymorphisme de ces dernières, et de l'absence de caractères dominateurs faciles à introduire dans la comparaison : la parenté indiquée avec les Characées
et les Floridées est assez incertaine. Les travaux consacrés à fixer
leurs relations avec les plantes vasculaires se distinguent par
une plus grande précision ; pourtant leurs résultats sont assez
discordants et parfois négatifs. Ce désaccord n'a pas lieu de nous
surprendre, si nous tenons compte des points de vue divers auxquels se sont placés les observateurs. A défaut d'homologies évidentes, on s'est adressé aux analogies liées à la forme générale
du corps ou à une similitude de fonctions ; cependant un caractère
a souvent une valeur taxinomique inversement proportionnelle
à son importance physiologique.

On peut ramener à quatre catégories les recherches accomplies
sur les affinités des Muscinées (Mousses et Hépatiques) avec les
plantes vasculaires : 1° comparaison des tiges feuillées ; 2° comparaison des organes sporogènes ; 3° comparaison des organes
sexuels ; 4° comparaison des premiers développements de l'œuf
fécondé ou embryologie comparée. L'examen de ces divers travaux composera la première partie de ce mémoire ; il nous mon-
trera l'insuffisance de ces méthodes.

Tout en faisant la part des notions qu'elles ont mises en évidence et en nous appuyant sur elles, nous nous adresserons plus
particulièrement, dans la seconde partie, à l'anatomie comparée.
Cette marche différente servira de contrôle aux résultats annoncés

dans les études antérieures, les confirmant en partie, expliquant quelques apparentes anomalies.

PREMIÈRE PARTIE.

I. — COMPARAISON DE LA TIGE FEUILLÉE DES MOUSSES ET DES PLANTES VASCULAIRES.

Bien que l'assimilation de la tige feuillée des Mousses et des plantes vasculaires soit contestée par divers bryologues, on peut la considérer encore aujourd'hui comme l'opinion classique : tous les ouvrages élémentaires nous montrent la transformation graduelle du thalle en tige feuillée dans la série des Muscinées. Ces transitions sans doute sont évidentes lorsqu'on s'en tient à cet embranchement, mais s'arrêtent à la limite du groupe, et la tige feuillée de la Mousse la plus parfaite est séparée de la tige feuillée d'une plante vasculaire par un abîme, qu'aucune observation ne tend à combler. Les divergences entre les points essentiels de structure sont même d'autant plus frappantes que l'analogie dans l'aspect général est plus grande.

La première différenciation de la tige des plantes vasculaires oppose un dermatogène ou épiderme primitif aux tissus profonds, souvent même avant leur distinction en périblème et plérome. Dans la tige des Mousses, l'épiderme fait toujours défaut et les assises protectrices qui en rappellent l'aspect se spécialisent tardivement. On a considéré comme un épiderme à plusieurs assises [1] la couche externe de cellules des *Sphagnum* (Pl. III, fig. 40) depuis longtemps dessinée par Schimper [2], dont la figure assez imparfaite est reproduite, sans grandes modifications, dans la plupart des traités de botanique. Cette couche est une formation secondaire, directement adaptée au mode de vie des Sphaignes dans les tourbières ; elle apparaît assez tard et peut manquer, dans les tiges florales par exemple.

1. DUCHARTRE, *Éléments de botanique*, 2° édit., p. 269.
2. W. P. SCHIMPER, *Recherches anatomiques et morphologiques sur les Mousses.* (*Mém. de la Soc. du Muséum d'hist. nat. de Strasbourg*, t. IV, 1850 ; pl. IV, fig. 8.)

On a pensé que, parmi les Hépatiques, les Marchantiées offraient un épiderme moins contestable et les pores de leur assise superficielle ont été longtemps assimilés aux stomates. Pourtant leur développement est tout autre que celui des stomates des plantes vasculaires : ils ne naissent pas d'une cellule-mère spéciale et ne sont pas bordés de cellules propres. D'autre part, M. Voigt[1] a opposé leur disposition rayonnante à la disposition bilatérale des vrais stomates. Ce caractère n'a peut-être pas l'importance que lui attribue ce botaniste, puisque M. Zeiller[2] a trouvé des stomates à symétrie rayonnée chez une Junipérinée fossile, le *Frenelopsis Hoheneggeri*; d'ailleurs, le stomate type a deux plans de symétrie. Si ces arguments ne sont pas concluants, toute espèce de doute a disparu, depuis que M. Leitgeb[3] a démontré que la formation des chambres aérifères, loin d'être due à l'écartement de tissus préexistants, résulte du débordement de certains points de la couche superficielle, de telle sorte que la prétendue membrane épidermique ressemble à un agrégat de poils en écusson confluents. Cette donnée, directement vérifiable pour les orifices simples, s'applique aussi bien aux pores canaliformes des *Marchantia* et *Preissia*, qui se relient aux précédents par toutes les transitions.

On ne saurait objecter la petite taille, des Mousses. Certaines Phanérogames sont bien inférieures aux plus grandes Mousses; et l'organisation, plus importante que la taille, atteint, chez plusieurs Phanérogames adultes, un degré moins élevé que celui des Mousses, sans que la différenciation précoce d'un épiderme en soit modifiée. Nous en trouvons de frappants exemples dans la famille des Podostémacées[4], qui ont le genre de vie et le port des Mousses, et particulièrement chez le *Tristicha hypnoides*, étudié avec soin par M. Cario[5]. L'épiderme y est nettement diffé-

1. A. Voigt, *Beitrag zur vergl. Anat. der Marchantiaceen*. (*Botan. Ztg.*, 1879.)

2. R. Zeiller, *Observations sur quelques cuticules fossiles*. (*Annales des sciences nat.; Bot.*, 6e série, t. XIII, 1882.)

3. H. Leitgeb, *Die Athemöffnungen der Marchantiaceen*. (*Sitzungsber. der kais. Akad. der Wissensch.* Wien, 1880.)

4. E. Warming, *La Famille des Podostémacées*. (*Mém. Acad. de Copenhague*, 6e série, t. II, 1881-1882.)

5. R. Cario, *Anatomische Untersuchung von Tristicha hypnoides*. (*Botan. Ztg.*, 1881.)

— 5 —

rencié et le cylindre central possède un faisceau muni de vaisseaux et de tubes criblés bien caractérisés.

Dans la tige d'un assez grand nombre de Mousses, on distingue une colonne axile formée, tantôt de cellules à parois minces, tantôt de cellules à membranes épaisses interrompues par des diaphragmes minces (*Polytrichum commune*), et fréquemment décrite. « Il existe en Tasmanie et dans la Nouvelle-Zélande, dit M. Crié [1], des types de Polytrics chez lesquels le faisceau libéro-ligneux rudimentaire de notre *Polytrichum commune* est bien autrement accentué et représente, suivant nous, le faisceau fibro-vasculaire le plus simple qui existe. Tel est en effet le faisceau axile du *Phalacroma dendroides* Hooker, Polytric de la Nouvelle-Zélande, de la Tasmanie et du Chili, et l'une des plus belles Mousses connues. Le *Phalacroma* possède, outre ce faisceau axile, d'autres faisceaux disséminés dans la masse du parenchyme fondamental et remarquables par leurs éléments qui semblent ne pas différer des véritables faisceaux. Ces mêmes faisceaux isolés paraissent aussi élevés en organisation dans le *Polytricha-delphus Magellanicus.....*» Ces assertions sont un peu vagues et surtout nous ne trouvons décrit aucun élément dont la structure conduise au tube cribreux ou à la trachée. L'opinion de M. Crié ne nous semble donc pas fondée sur des observations irréfutables. Nous croyons aussi que l'auteur invoque à tort l'embryologie à l'appui de sa thèse : « L'embryogénie nous apprend, dit-il, que les liens d'une affinité naturelle unissent les Muscinées aux Cryptogames vasculaires, c'est-à-dire aux Fougères. » Nous verrons que les liens embryologiques des Muscinées et des Fougères sont assez obscurs et qu'en tous cas, les travaux consacrés à cette question ne rapprochent aucunement la tige sexuée des premières du corps vasculaire des plantes supérieures.

Il nous suffit d'observer que, chez les plantes vasculaires, la différenciation de l'écorce et du cylindre central n'est jamais indépendante de celle d'un épiderme, pour nier l'homologie de la colonne axile des Mousses et du cylindre central. Il n'y a d'ailleurs

1. L. CRIÉ, *Les Origines de la vie. — Essai sur la flore primordiale.* (*Revue internationale des sciences biologiques,* 6e année, 15 avril 1883.)

rien de fixe dans sa présence et l'on doit la considérer comme
une formation analogue au cylindre central, déterminée par le
genre de vie semblable d'une tige feuillée de Mousse et de plante
vasculaire. L'analogie ne se borne pas à l'aspect extérieur ; elle
se poursuit dans le rôle physiologique, et M. Haberlandt[1] a particulièrement insisté sur cette équivalence fonctionnelle entre le
faisceau central des Muscinées et des plantes vasculaires ; il a
même eu le mérite de l'établir expérimentalement.

M. Göbel[2] nous a fait connaître des cellules gommeuses, tantôt
isolées (*Preissia*), tantôt sériées (*Fegatella*) dans le thalle de
certaines Hépatiques, où l'on trouve aussi des fibres scléreuses
agencées comme dans le sclérenchyme des plantes vasculaires.

En somme, nous trouvons certaines analogies entre la tige
feuillée des Mousses et celle des plantes vasculaires au point de
vue de la structure ; mais elles se manifestent avec une grande
irrégularité. Les caractères fondamentaux diffèrent et nous ne
sommes pas en droit de conclure à une homologie.

Les rapports réciproques et le mode de naissance des préten-
dues tiges et feuilles des Mousses ne sauraient être invoqués à
l'appui de leur homologie avec celles des plantes vasculaires.
Sans parler de ce qui s'observe chez les Hépatiques les plus
élevées, où les rameaux équivalent à une demi-feuille, ou bien
même ont une origine endogène, les relations des membres éloi-
gnent sensiblement les Mousses des plantes vasculaires, puisque
leurs rameaux s'insèrent sous les feuilles. Il est vrai que la structure même des segments de la tige et le mode de naissance de la
feuille ne permettaient pas d'autres rapports, et la position des
rameaux reste en somme déterminée par celle des feuilles. Mais
cette détermination même est purement mécanique et n'implique
pas nécessairement une homologie. Ne voyons-nous pas chez certains polypes hydraires (*Campanularia dichotoma, C. geniculata,
Obelia gelatinosa,* etc.) ; les bourgeons reproducteurs, qui sont

1. HABERLANDT, *Ueber die physiologische Funktion des Centralstranges in
Laubmoosstämmchen.* (*Berichte der deutsch. botan. Gesellschaft,* 1883.)

2. K. GÖBEL, *Zur vergl. Anat. der Marchantiaceen. Arbeiten des botan. Instituts in Würzburg.* Leipzig, 1880.) — Voy. aussi R. PRESCHER, *Die Schleimorgane
der Marchantieen.* (*Sitzungsber. der kais. Akad. der Wiss.,* 1882.)

des axes chargés de polypes sexués, naître constamment à l'aisselle d'un polype nourricier, qui représente l'élément appendiculaire dans ce corps ramifié ? Par contre, dans le *Dynamena pumila*, où les hydranthes sont opposées, les axes secondaires (gonothèques ou axes ordinaires) apparaissent dans les portions d'axes sous-jacentes aux polypes nourriciers, comme les branches de Mousses naissent sous les feuilles. Chez le *D. operculata*, les rameaux et les gonothèques naissent perpendiculairement au plan qui unit les polypes opposés ; il s'y produit en outre de fausses dichotomies semblables à celle d'une cime bipare. Il ne viendra à l'idée de personne de considérer ces cormus animaux comme pourvus d'aucune homologie avec un cormophyte, à part cette distinction même d'axes et d'appendices. Une telle coïncidence prouve simplement que la position relative des axes et des appendices est soumise à des lois générales, indépendantes des autres propriétés anatomiques, et que leurs rapports pourront concorder dans les formations les plus hétérologues.

Les caractères phyllotaxiques sont également soumis à des lois mécaniques plus générales que la différenciation anatomique et leur concordance n'implique pas l'homologie.

Si donc nous conservons la terminologie de tige et de feuille en ce qui concerne les Mousses, c'est à la condition de n'attacher à ces mots aucune signification anatomique. Nous indiquons par là une apparence extérieure, une analogie d'observation vulgaire. Au point de vue strict de l'anatomie, nous ne pouvons que maintenir l'opinion émise dans un travail [1] où nous recherchions les règles de la différenciation anatomique, particulièrement dans la tige : à savoir, que la phase sexuée des Mousses ne présente aucune différenciation histologique ou anatomique équivalente à celle des plantes vasculaires, et qu'elle n'a ni tige ni feuille. La comparaison des tiges feuillées de Mousses et de plantes vasculaires dans l'étude des homologies n'amène donc qu'un résultat négatif.

1. *De la Valeur des caractères anatomiques au point de vue de la classification des végétaux. — Tige des Composées*, 1884.

II. — COMPARAISON DES ORGANES SPOROGÈNES DES MOUSSES ET DES CRYPTOGAMES VASCULAIRES.

L'analogie de fonctions invoquée comme motif du rapprochement de la tige des Mousses et de celle des plantes vasculaires a fait mettre aussi en parallèle l'organe sporogène des Muscinées et des Cryptogames supérieures. C'est évidemment à ce point de vue que s'est placé M. Prantl [1] en assimilant les corps que l'on désigne généralement sous le nom de générations asexuées. Il pose en effet une première équation entre l'organe producteur de spores des Muscinées et celui des Hyménophyllées et conclut à l'homologie du sporogone de celles-là et du spore de celles-ci. L'opinion de Leitgeb [2] ne s'éloigne pas sensiblement de la précédente, quand cet anatomiste rapproche du sporogone des Hépatiques le « Kotyledon » des Fougères, en supposant que celui-ci aurait pu être primitivement le siège de la formation des spores, dans une période antérieure à la différenciation du corps végétatif en tiges et feuilles.

L'homologie du sporange dans les Muscinées et les Cryptogames vasculaires paraîtra très douteuse, si l'on considère la première apparition du tissu sporogène. Comme l'a démontré Göbel [3], l'archesporium des Cryptogames vasculaires est toujours une cellule « hypodermale »; tandis que, chez les Bryinées et les Sphagnées, il consiste en une couche de cellules et c'est également le cas des Hépatiques, bien que d'une autre façon, et à quelques exceptions près. Je ne parle pas, bien entendu, des rapports du sporange avec la feuille mère, rapports qui le font considérer comme un poil, puisque nous ne trouvons, chez les Mousses, rien de comparable à cette feuille mère. Toutefois, cet archesporium profond et composé d'une assise de cellules chez les Mousses, contrairement à l'archesporium plus superficiel et unicellulaire des Cryptogames vasculaires, est difficilement con-

1. PRANTL, *Naturforscher-Versammlung in Graz*, 1875.
2. H. LEITGEB, *Untersuchungen über die Lebermoose*, 6e Heft. Graz, 1881.
3. K. GÖBEL, *Beiträge zur vergl. Entwickelungsgesch. der Sporangien. (Botan. Ztg.,* 1880.)

ciliable avec l'opinion qui assimile le sporogone à une feuille. Cette opinion doit être considérée comme une hypothèse dénuée jusqu'ici de fondement matériel.

III. — COMPARAISON DES ORGANES SEXUELS DES MOUSSES ET DES CRYPTOGAMES VASCULAIRES.

Par leurs anthérozoïdes, les Mousses ont une frappante ressemblance avec les Characées et sont encore voisines des Cryptogames vasculaires. Chez toutes ces plantes, ils naissent par rénovation partielle de la cellule mère et prennent la forme d'un filament spiralé, renflé à une extrémité et atténué à l'autre bout qui porte des cils. Les cils restent limités au nombre de deux chez les Characées et les Muscinées, comme dans les anthérozoïdes et les zoospores d'un grand nombre de Thallophytes. Les anthérozoïdes à cils nombreux des Cryptogames vasculaires se rapprochent plus à certains égards de ceux des Algues (*Œdogonium*) que de ceux des Muscinées, bien que leur rapport avec la cellule-mère soit différent. Les antérozoïdes des Mousses ont une incontestable parenté avec ceux des Cryptogames vasculaires ; mais la valeur taxinomique de ce caractère n'est pas bien déterminée. Les plus grandes variations s'observent à cet égard entre les Thallophytes voisins, et la forme de ces organes est singulièrement soumise à l'adaptation. Elle ne saurait en tous cas nous apprendre si les Mousses sont plus intimement unies aux Cryptogames vasculaires qu'aux Phanérogames. Le genre de vie de ces dernières exclut un mode de transport des éléments mâles lié à la floraison des Mousses à l'humidité, aussi bien qu'à leur dérivation de formes aquatiques.

L'anthéridie naît d'une cellule superficielle saillante comme un poil et isolée par une cloison transverse, chez les Mousses et chez les Cryptogames vasculaires ; mais la marche des cloisonnements diffère dans les deux groupes. Après la séparation du pédicelle par une nouvelle cloison transversale, l'anthéridie des Mousses se constitue par le jeu d'une cellule terminale cunéiforme, qui découpe d'abord des segments par des cloisons obliques ; des cloisons périclines apparaissent tardivement. Chez les Fougères au contraire, la première cloison bombée sépare la paroi de l'anthéridie de la cellule ventrale destinée à donner les cellules mères des anthérozoïdes.

Les archégones, ou organes femelles, ont été considérées comme établissant une étroite liaison entre les Muscinées et les Cryptogames vasculaires. M. de Bary, attachant même à cet organe une valeur capitale, a réuni ces deux groupes sous le nom d'Archégoniates.

Telle n'est pas l'opinion de M. Hy, qui a été conduit par l'étude du développement à nier toute concordance anatomique entre les archégones des Muscinées et des Cryptogames vasculaires, dont l'analogie de formes est, au reste, assez superficielle. Se basant sur les travaux antérieurs, étendus par ses recherches personnelles, cet observateur fait remarquer : 1° que l'archégone des Muscinées naît toujours d'une seule cellule superficielle, tandis que l'organe correspondant des Cryptogames supérieures se compose de portions hétérogènes ; 2° que l'orientation des cloisonnements cellulaires diffère dans les deux groupes ; 3° qu'enfin la rangée de canal des premières n'est point représentée chez les secondes [1]. Ces faits nous semblent concluants pour montrer que l'archégone traduit l'homogénéité du groupe des Muscinées comprenant les Mousses et les Hépatiques, mais qu'elle nous renseigne mal sur ses affinités.

Nous ne suivrons pas M. Hy dans la longue discussion qu'il consacre à prouver la nature axile de l'archégone ; cette question est secondaire à notre point de vue, puisque, dans le corps sexué des Mousses, les termes feuille, tige, poil ne correspondent pas aux parties homonymes des plantes vasculaires. Nous ne saurions distinguer un poil d'une feuille en l'absence d'épiderme, ni une tige d'un verticille terminal de feuilles concrescentes en l'absence de faisceaux.

1. Hy, *Recherches sur l'archégone et le développement du fruit des Muscinées* (*Annales des sciences nat. ; Bot.* ; 6ᵉ série, t. XVIII, 1884), pages 114 et suiv.

IV. — EMBRYOLOGIE COMPARÉE DES MUSCINÉES ET DES PLANTES VASCULAIRES.

Les travaux de cette catégorie, basés nettement sur le principe de l'homologie, nous intéressent plus que les précédents. M. Kienitz-Gerloff, qui s'est illustré dans cette étude, a compris que l'œuf fécondé constitue un point de repère précieux dans la comparaison des espèces très divergentes et que les corps développés à ses dépens dans divers types végétaux sont rigoureusement homologues. Au début d'un de ses plus importants mémoires sur cette question, il indique clairement le principe sur lequel repose sa méthode : « *Seit zuerst von Ernst Häckel der Satz ausgesprochen wurde, dass die Ontogenesis die kurze Wiederholung der Phylogenesis sei, hat das Studium der Embryologie ein neues und erhöhtes Interesse gewonnen* [1]. » Il n'y a, à la base de ces recherches, qu'une seule hypothèse et des plus logiques : c'est que l'orientation des cloisons destinées à transformer l'œuf en embryon possède une valeur taxinomique capitale et que, de la seule concordance de cette orientation, on peut conclure à une affinité. Cependant les faits ne l'ont pas entièrement justifiée; et si les notions embryologiques, jointes aux autres observations publiées par Kienitz-Gerloff, ont fait faire un grand pas à la question des affinités des Muscinées, nous ne pouvons nous empêcher de remarquer à ce propos la profondeur de cette parole de Claude Bernard : « Quelque légitimes que puissent paraître, au premier abord, les vues de l'induction, on trouve toujours de l'imprévu dans les résultats de l'expérience. »

Les principes fondamentaux des recherches embryologiques de Kienitz-Gerloff ont suscité une polémique que nous ne pouvons résumer ici. Ils ont été contestés principalement par Sachs [2] et Göbel [3], son élève.

1. F. Kienitz-Gerloff, *Ueber den genetischen Zusammenhang der Moose mit den Gefässkryptogamen und Phanerogamen.* (*Botan. Ztg.*, 1876, page 705.)

2. J. Sachs, *Ueber die Anordnung der Zellen in jüngsten Pflanzentheilen.* (*Sep.-Abdr. aus den Verhandl. der phys.-med. Gesellschaft*, XI. Bd. Würzburg, 1877.)

3. K. Göbel, *Zur Embryologie der Archegoniaten.* (*Arbeiten des botan. Instituts in Würzburg*, 1880.)

Les travaux récents sur l'embryologie des Phanérogames, où les points de comparaison sont bien plus certains, ont montré une grande diversité dans l'orientation des cloisons primitives de l'œuf, la première exceptée, et cela chez des plantes évidemment voisines, de telle sorte que les types extrêmes se rencontrent dans une même famille. Malgré ces divergences imprévues dans les premiers débuts, ces cloisonnements aboutissent à la constitution de corps absolument concordants par toutes les propriétés anatomiques essentielles.

Nous rappellerons donc seulement pour mémoire les relations que l'auteur a basées sur ce principe : ce serait, d'une part, une concordance frappante entre les embryons des Jungermanniées et des Monocotylédones, par l'intermédiaire des Sélaginelles : « *die auffallende Uebereinstimmung, die ich zwischen den Embryonen der Jungermannieen und namentlich monocotylischer Phanerogamen...* [1] », concordance qui se poursuivrait entre les parties de ces embryons, la soie et le pied correspondant au suspenseur, la capsule à l'embryon lui-même : « *Es entspricht dann die Seta und der Fuss der Jungermannieen-Frucht dem Embryoträger, die Kapsel dem eigentlichen Keim* [2]. » L'auteur rapproche, d'autre part, les Mousses des Cryptogames vasculaires; mais il n'a pu soutenir ce parallèle qu'en ayant recours à une hypothèse un peu hardie. Comme les cloisonnements observés n'offrent qu'une ressemblance incomplète et que, après une première bipartition, l'hémisphère qui, suivant l'auteur, correspond dans les deux groupes subirait, chez les Cryptogames vasculaires, une nouvelle division indiquant les initiales de la première tige et de la première feuille, tandis que, chez les Mousses, il devient directement la cellule terminale du sporogone : il admet la suppression d'une cloison et d'un segment, qui serait, nous ne savons trop pourquoi, l'initiale de la tige. L'auteur se trouve donc ramené aux vues émises par Prantl et il croit y revenir par une voie différente, en s'appuyant exclusivement sur l'embryologie. Pour nous, cette communauté d'idées est due dans les deux cas à une hypothèse gratuite. Kienitz-Gerloff paraît influencé, inconsciemment peut-

1. *Loc. cit.*, page 705.
2. *Ibid.*, page 714.

être, par la tendance à considérer *à priori* comme homologues les membres où une fonction commune se localise. Il n'émet d'ailleurs cette hypothèse qu'avec une certaine réserve. En somme, l'homologie du sporogone et d'une feuille n'est pas plus démontrée par l'embryologie que par la morphologie.

Dans ces comparaisons, l'auteur tient peu de compte de l'inclinaison des cloisons de l'embryon par rapport à la plante mère et il attache une importance capitale à la présence d'une cellule terminale. (Nous reviendrons sur ce point dans la seconde partie de ce travail.) Au reste, il a soin de nous prévenir qu'il n'a pas la prétention de construire un arbre généalogique, mais simplement d'indiquer les rapprochements suggérés par l'embryologie.

L'insuffisance des données embryologiques et l'homologie de corps résultant des modes les plus divers de cloisonnements primitifs chez les Phanérogames nous autorisent à demander à l'anatomie comparée l'éclaircissement des points restés obscurs dans les homologies des Mousses. Les résultats de l'anatomie comparée, loin d'être en contradiction avec ceux de l'embryologie, les complètent utilement ; ils s'éclairent réciproquement et l'une de ces sciences fournira à l'autre de précieux matériaux dans les cas où, abandonnée à elle-même, elle en serait réduite à des hypothèses comme celle des segments supprimés.

Dans l'étude qui va suivre nous examinerons l'organisation des Mousses, en nous adressant de préférence aux caractères le moins directement adaptés au rôle et aux conditions biologiques spéciaux à ces plantes.

DEUXIÈME PARTIE.

I. — HOMOLOGIES DES MOUSSES ET DES PLANTES VASCULAIRES.

A. — Valeur du sporogone.

Conformément aux données de l'embryologie, nous chercherons les homologies des Mousses avec les Plantes vasculaires dans le sporogone. Parmi les Plantes vasculaires elles-mêmes, le corps qui se forme aux dépens de l'œuf fécondé, diffère essentiellement chez les Cryptogames et chez les Phanérogames. Les premiers cloisonnements opérés dans l'œuf des Cryptogames vasculaires produisent immédiatement les initiales des membres définitifs : le pied, la première feuille, la tige et la racine naissent simultanément et directement de l'œuf. Chez les Phanérogames au contraire, il se forme d'abord un corps provisoire qui, en se développant, donnera la tigelle et les cotylédons. Sur ce corps seulement apparaîtront les membres définitifs. Si l'on appelle *embryons* les formes jeunes, quelles qu'elles soient, l'embryon des Cryptogames vasculaires né correspondra pas à celui des Phanérogames. Si l'on réserve ce nom au corps initial des Phanérogames, on ne lui trouve point d'équivalent parmi les Cryptogames vasculaires. Cette dernière acception nous semble plus avantageuse, puisque seule elle correspond à une donnée positive. Nous ne voyons pas d'ailleurs la nécessité de compliquer la glossologie du mot *pseudembryon,* proposé depuis longtemps par M. Clos pour les premières phases du corps vasculaire des Cryptogames et rappelé dernièrement [1] par ce botaniste. Sans nous étendre ici sur la question de la tige primitive ou embryonnaire des Phanérogames, que nous avons développée ailleurs, rappelons seulement que les Cryptogames vasculaires n'ont ni tigelle ni cotylédon homologues de ceux des Phanérogames. Nous trouvons donc, entre l'œuf de ces dernières et le corps vasculaire comprenant feuilles, tiges et racines, une phase particulière qu'on appellera, si l'on veut, phase embryonnaire ou tigellaire, et qui est sautée dans l'ontogénie des Cryptogames vasculaires.

Les Muscinées nous présentent un premier cloisonnement concordant avec celui des Phanérogames et suivi, comme chez ces plantes, de la formation d'un *corps massif,* au lieu de la distinction primordiale de membres, qui s'observe chez les Cryptogames vasculaires. Un tel corps est l'homologue de l'embryon des Phanérogames.

Ce dernier mérite bientôt le nom de tigelle; de même celui des Mousses acquiert rapidement une organisation particulière, à laquelle répond le terme *sporogone.* Cette désignation nous sem-

1. *Bulletin Soc. bot. de France,* 1885, t. XXXII, page 151.

ble préférable à toute autre : suffisamment consacrée par l'usage, elle est à l'abri de toute récrimination, puisqu'elle ne repose pas sur une assimilation contestable.

On a particulièrement critiqué le mot *fruit,* qui, au fond, ne manque pas de clarté quand il sert à désigner l'organe par sa fonction, en dehors de toute préoccupation anatomique. Dans le langage descriptif ce terme est généralement employé et d'importantes recherches d'organographie l'ont consacré. M. Hy n'a pas, à notre sens, rendu plus claire la notion du fruit en le distinguant soigneusement du sporogone et en réunissant sous ce nom l'embryon et ses annexes provenant de l'organe femelle. Il s'écarte en effet de l'acception purement physiologique qui exprime l'analogie de l'organe renfermant les spores et de l'organe renfermant les graines ; et le mot fruit ainsi défini invoque des homologies inadmissibles entre les tissus dérivés de l'archégone et les feuilles carpellaires. En se plaçant sur ce terrain, M. Hy justifierait la critique de M. Clos [1], qui propose de remplacer fruit par *sporocarpe* ou *pseudocarpe,* s'il n'avait pris le soin de préciser le sens dans lequel il entend ce mot [2].

D'autre part, M. Hy s'élève contre l'opinion qui fait du sporogone « un individu distinct, formant une génération alternante avec la plante mère ». Nous lui accorderons volontiers que l'individualité n'y est pas réalisée de tous points au sens général et *physiologique* du mot ; cela ne détruit nullement l'homologie entre le sporogone des Muscinées et l'individu asexué des Cryptogames vasculaires, lequel est au reste en continuité avec le prothalle. Le mot individu possède au cas particulier une valeur analogue à celle du mot fruit ; ces deux termes sont exclusifs, puisque le premier n'indique que des relations morphologiques, le second des relations physiologiques, et leur justesse est directement subordonnée au point de vue auquel on les envisage. Les arguments de M. Hy ne nous semblent pas de nature à renverser la notion de l'individualité ainsi entendue. Il nous fait remarquer d'abord que les Cryptogames vasculaires ont deux sommets végétatifs indépendants du point de fixation, tandis que toute la crois-

1. *Loc. cit.,* page 152.
2. *Loc. cit.,* page 130.

sance se concentre chez les Muscinées en un seul point, opposé à celui qui doit rattacher indissolublement le sporogone à la plante mère. Cet argument tombe en tous cas dans la comparaison des Muscinées et des Phanérogames. De plus, l'embryon des Phanérogames contracte avec la plante mère des relations plus intimes encore que le sporogone, quand, chez certaines Orchidées, il se greffe sur le funicule ou le placenta[1]. Au contraire, la tendance à l'isolement est manifeste chez les Muscinées où les cellules du pied bourgeonnent isolément, comme M. Hy l'a fort bien décrit et figuré[2]. Elle diminue chez les types supérieurs, qui divergent évidemment davantage de l'organisation primordiale, et l'adhérence du sporogone « devient chaque jour plus intime, d'autant plus que l'espèce est elle-même plus élevée, si intime que le rameau fructifère tend parfois à se séparer de la tige principale plutôt que du sporogone qu'il doit nourrir[3] ». Nous ne voyons encore là rien de bien spécial aux Muscinées ; le fruit ou la graine des Phanérogames ne sépare-t-il pas avec l'embryon une portion plus ou moins étendue de la plante mère ?

On le voit : l'analogie et les rapports fonctionnels des individus sont en cause dans l'argumentation de M. Hy, beaucoup plus que la question des homologies. Celle-ci paraît plus directement visée par un dernier argument dans lequel ce botaniste distingué insiste sur le changement dans la direction d'accroissement, qui caractérise tout nouvel individu. Ce changement de direction ne s'observe pas seulement chez les Cryptogames vasculaires, où « l'axe embryonnaire se développe dans un plan différent de celui du prothalle » ; chez les Phanérogames aussi, « la radicule pointe constamment vers le micropyle qui représente le sommet théorique de l'ovule ». Nous ne comprenons pas bien comment l'auteur peut comparer la direction du sporogone où « il n'existe proprement ni racine ni tige » à celle de l'embryon des Phanérogames, qu'il définit par la situation de la radicule. Si l'on voulait faire des rapprochements de cette sorte, on pourrait aussi bien mettre

1. Van Tieghem, *Botanique,* page 872, d'après Traub, *Embryologie de quelques Orchidées.* Amsterdam, 1878.
2. *Loc. cit.,* fig. 30 et fig. 54.
3. *Loc. cit.,* page 186.

en parallèle l'extrémité de l'embryon qui se renfle en cotylédons
avant l'apparition de tige et de racine, et le pied du sporogone.
Tous deux se différencient plus ou moins en vue des rapports des
organismes mère et fille. A l'extrémité libre se forment dans les
deux cas les premiers organes destinés aux relations avec le milieu extérieur : la racine qui y fixera la jeune plante, les spores
qui dissémineront les nouveaux individus. Je n'ai garde de soutenir ces rapprochements ; je les donne seulement comme aussi
vraisemblables que l'opposition admise par M. Hy. En tous cas,
cette dernière concerne seulement des différences physiologiques
entre la tigelle et le sporogone : leur homologie reste intacte.

Certains auteurs et particulièrement M. Kienitz-Gerloff, comme
nous l'avons mentionné plus haut, pensent que l'on a attribué une
importance exagérée à la direction de la première cloison par
rapport à l'axe de l'archégone. On ne peut pourtant s'empêcher,
faute d'autres caractères positifs, d'accorder quelque valeur à sa
constance, surtout si l'on envisage la suite du développement ; et
Kienitz-Gerloff lui-même est frappé de voir le développement des
cellules soumis à une remarquable fixité chez les Cryptogames
vasculaires, malgré les conditions d'existence les plus variées,
tandis qu'il offre une extrême diversité, parmi les Muscinées
d'une part, parmi les Phanérogames de l'autre [1].

Peut-être regardera-t-on la constance d'une cellule terminale
cunéiforme dans le sporogone des Mousses comme un caractère
les reliant aux Cryptogames vasculaires et les éloignant des Phanérogames. La valeur de ce caractère s'amoindrira si l'on considère sa variabilité chez les Hépatiques, dont l'étroite alliance avec
les Mousses ne saurait être mise en question. La présence d'une
telle cellule peut dépendre simplement des conditions d'accroissement du membre considéré. Au reste, chez les Mousses elles-
mêmes, la croissance terminale n'a pas une importance comparable à la croissance intercalaire. Les cellules dérivées de la cellule
terminale se cloisonnent toutes abondamment et forment un méristème non localisé au sommet, mais étendu à tout le sporogone
jeune. Dans ce méristème général, chaque partie prendra nais-

1. Kienitz-Geuloff, *Analyse d'un mémoire de Göbel*, (*Botan. Ztg.*, 1880,
page 508.)

sance au point qu'elle doit occuper définitivement ; aussi, dès le début de la différenciation, les caractères morphologiques vont-ils être plus ou moins masqués dans les régions destinées à jouer un rôle considérable. Néanmoins, la distinction de deux groupes de tissus, l'un axile, l'autre périphérique, est évidente presque jusqu'au sommet, parce qu'elle est en harmonie avec les fonctions de la capsule. Envisageant ces deux masses dans la zone qui produit les spores, Kienitz-Gerloff les a appelées *amphithecium* et *endothecium*. Ces dénominations, excellentes quand elles se rapportent à l'urne, ne sont guère applicables au col et à la soie ; aussi emploierons-nous de préférence les termes *écorce* et *cylindre central*, lorsque nous considérerons le sporogone dans son ensemble.

L'épiderme n'est pas moins distinct que chez les Phanérogames sur le col et sur la soie suffisamment jeune. Dans la capsule, bien que la couche extérieure revête certains caractères propres, mais plutôt physiologiques, comme l'épaississement précoce des membranes, elle ne se distinguera pas toujours du reste de l'amphithecium. La rangée externe subit des cloisonnements variés, parfois simultanés à ceux des couches sous-jacentes ; les assises qui en résultent, bien que génétiquement reliées à la rangée externe, n'ont pas les caractères des épidermes stratifiés, précisément parce que l'épiderme n'était pas différencié avant l'introduction de modifications fonctionnelles et que les caractères physiologiques trop importants masquent dès l'origine les caractères morphologiques.

Cette différence de structure fondamentale entre les portions stérile et fertile est assez tranchée pour que M. Pringsheim[1] se soit demandé si le sporogone ne comprend pas deux sortes de membres : l'un évidemment axile, et l'autre qu'il appelle le sporange, de valeur indéterminée : « *Das Sporogonium in einen deutlichen Axentheil und ein Sporangium dessen morphologischer Werth noch zu bestimmen bleibt, differenzirt ist.* » Kienitz-Gerloff oppose à cette manière de voir la communauté d'origine, l'identité des premiers développements des deux portions du

____

1. *Jahrbücher für wiss. Botan.* Bd. XI.

sporogone et la présence de cellules dont les segments contribuent à la fois à l'édification de la soie et du sporange. En somme, on peut dire que la capsule (sporange de Pringsheim) ne diffère pas plus de la soie, au point de vue morphologique, qu'une étamine ne s'éloigne d'une feuille.

La netteté moindre de l'épiderme sur la capsule et principalement dans la région du péristome est liée aux modifications essentiellement physiologiques de ces zones ; ce qui le montre bien, c'est que l'épiderme reste typique, dans toute l'étendue de la capsule, chez les espèces moins complexes, telles que les *Phascum* et les *Sphagnum*. Aussi est-il surprenant que Kienitz-Gerloff, après avoir invoqué l'assimilation de la paroi capsulaire des Jungermannes à un dermatogène : « *Die Abscheidung der Kapselwand entspricht genau der des Dermatogens*[1] », pour rapprocher ces Hépatiques des Phanérogames, ait négligé ce caractère dans l'appréciation des affinités des Mousses. L'épiderme de ces dernières est certainement plus identique par son mode de différenciation à celui des Phanérogames que celui des Jungermannes ; et s'il n'est pas distinct jusqu'au point végétatif, on peut en dire autant de bien des plantes supérieures.

Les notions générales de l'anatomie nous font donc supposer une parenté plus grande du sporogone avec la tigelle des Phanérogames qu'avec aucune portion du corps vasculaire des Cryptogames supérieures. La structure intime du sporogone confirme pleinement cette assimilation, et l'homologie se poursuit dans la distinction des zones primaires, aussi bien que dans la répartition des tissus générateurs destinés à la formation des spores, d'une part, à l'accroissement ultérieur de l'embryon devenu tigelle ou de la tige née à ses dépens, d'autre part.

B. — Structure du sporogone.

SPOROGONE DANS SON ENSEMBLE. — L'anatomie nous montre dans la structure du sporogone la reproduction exacte d'une tige de Phanérogame dont on retrancherait les faisceaux cribro-

1. *Loc. cit.*, 1876, page 721.

vasculaires, pourvu que l'on réduise à leur juste valeur les particularités purement physiologiques liées à la production et à la
dissémination des spores. Comme ces derniers points ont surtout
frappé les botanistes, il n'est pas surprenant que les homologies
du sporogone aient souvent passé inaperçues. Nous n'examinerons qu'en dernier lieu les régions qui ont été l'objet favori des
descriptions antérieures, telles que le péristome, l'anneau ou
l'opercule, et, au lieu de prendre pour point de départ la soie,
que son rôle de support rigide arrête de bonne heure dans son
développement diamétral, ou l'urne, dont les propriétés anatomiques sont masquées par la différenciation de ses tissus en
spores ou en organes annexes et protecteurs des spores, nous
ramènerons la structure de ces dernières régions à celle du
col, où aucune spécialisation fonctionnelle n'a effacé, au moins
primitivement, les propriétés fondamentales.

Le col n'est pas, dans toutes les Mousses, également bien développé et son organisation se modifie tôt ou tard au contact de la
portion fertile. Sa réduction est frappante dans les Mousses à
longue urne et à péristome compliqué, où il ne comprend qu'un
étroit anneau muni d'une couronne simple de stomates (divers
Barbula, Grimmia, Dicranum, Hypnum, Fissidens, etc.). Ce n'est
pas dans les Mousses les plus élevées que le col est le plus net: les
Acrocarpes inférieures, telles que les Phascacées, seront étudiées
avec avantage et parmi les Acrocarpes, celles dont le col acquiert
un énorme développement, comme les *Splachnum* avec leur apophyse[1], sont particulièrement instructives, parce que la puissance
de cette région défie l'influence modificatrice des tissus adjacents.
On examinera des exemplaires de moyen développement, car dans
l'ampoule adulte la dilatation même, que l'on peut considérer

1. Le mot *apophyse* est ici détourné de son sens habituel et étymologique; hy-
pophyse serait plus exact; mais le premier terme est consacré par un long usage.
D'ailleurs on ne l'emploie pas en botanique comme en zoologie. M. Caruel a pourtant, dans un ouvrage récent (*le Corps des plantes*), tenté de l'introduire dans
cette science avec l'acception d'appendice. Si cette dernière signification, qui est
plus logique, tendait à prévaloir, on ne pourrait garder le même mot pour le col
renflé des Mousses. La priorité ne constitue, dans la nomenclature anatomique, qu'un
droit fort relatif, qui doit souvent céder le pas aux droits plus légitimes de la clarté
et de la logique.

comme une transformation fonctionnelle, a masqué les limites de
l'écorce et du cylindre central primitivement distinctes (Pl. 1,
fig. 2, 4), comme cela s'observe aussi bien chez les Phanérogames : j'en ai décrit des exemples dans les nœuds de la tige des
Caryophyllées[1]. Même à ce moment, on distingue, d'ailleurs, encore les régions anatomiques à la base et au sommet.

L'étude comparée du col, de l'urne et de la soie démontre une
parfaite concordance anatomique dans ces trois parties du sporogone, l'urne ne différant du col que par une complication plus
grande, et la soie par une réduction du même type fondamental.
Nous ne ferons donc pas de ces parties une description distincte;
mais nous énoncerons les caractères communs et tigellaires de
l'ensemble du sporogone, en notant seulement les points où
chaque zone est plus facile à étudier. Le sporogone comprend
trois régions anatomiques primordiales : l'épiderme, l'écorce et le
cylindre central.

Avant d'aborder l'étude de ces trois régions, nous signalerons
les propriétés spéciales de certaines membranes. Dans les diverses
régions du sporogone (épiderme, péristome, etc.), la cellulose se
transforme de bonne heure en un composé, d'abord incolore,
mais déjà distinct par l'action des réactifs, et qui revêt ensuite
des teintes variant du jaune-paille au brun et au rouge-sang. La
même substance envahit les espaces intercellulaires par un pro-
cédé que nous décrirons plus loin.

Cette substance n'est ni de la lignine ni de la subérine ; elle est
en effet réfractaire à l'action de la phloroglucine ou du chlorhy-
drate d'aniline employés concurremment avec l'acide chlorhy-
drique. Sa puissante affinité pour les couleurs d'aniline la distingue de la cellulose des autres membranes ; mais cette capacité
de coloration diminue à mesure que cette substance s'altère en
brunissant ; dans ce dernier cas, elle conserve sa couleur naturelle
à peine modifiée sous l'action d'une solution de bleu d'aniline
assez intense pour colorer la cellulose ordinaire. Elle diffère de
la cutine, dont la rapprochait cette affinité, par sa réaction avec
le chlorure de zinc iodé. Elle prend en effet une teinte purpu-

1. *Sur le Péricycle des Caryophyllées.* (*Bulletin de la Soc. bot. de France,*
1885, t. XXXII, page 278.)

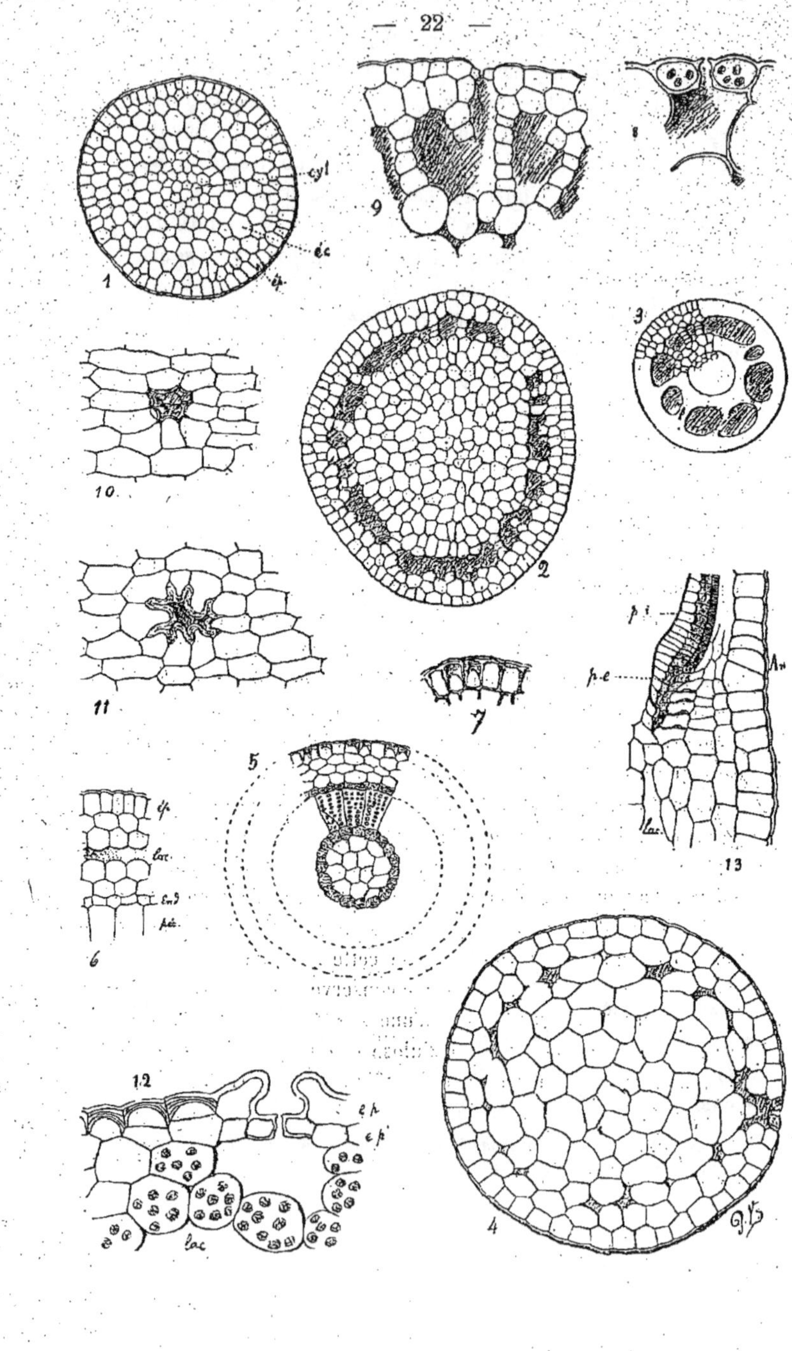

cyl
éc
1
9
8
3
10
2
11
7
pi
p.e
la
lac
13
5
ép
lac
End
Aér
6
12
ép
lac
4
G.V

rine lors même qu'elle était déjà devenue jaune et cette teinte est parfois nettement violacée. Il s'agit donc d'une simple variété de cellulose et non d'une substance comparable à la lignine ou à la cutine. Elle constitue les couches stratifiées si répandues dans les cellules épidermiques et en dehors desquelles il n'existe qu'une très mince cuticule. Peut-être doit-on attribuer à cette particularité la rareté des Mousses fossiles.

Cette variété se distingue principalement de la cellulose ordinaire par son affinité pour les couleurs d'aniline ; et c'est probablement à une propriété de même ordre qu'elle doit de fixer exclusivement la matière colorante brune, jaune ou rouge, élaborée dans les tissus des Mousses. Ce principe colorant est assez mal connu ; ses teintes diverses sont dues sans doute à des modifications d'une même substance ; elles se montrent avec une grande fixité dans les portions correspondantes des représentants d'une même espèce ; cependant elles varient, non seulement d'une espèce à l'autre, mais dans les diverses régions (soie, urne, péristome) d'un seul sporogone.

Une autre matière colorante d'un beau rose s'observe dans les membranes épidermiques de la face supérieure de l'apophyse chez le *Splachnum ampullaceum* ; elle existe aussi, en moindre abondance, au point de jonction de la soie et du col de la même Mousse. Elle est, comme les précédentes, insoluble dans l'alcool et dans l'eau.

ÉPIDERME. — *Caractères généraux.* — Tout le sporogone est recouvert d'un épiderme. Mais de même que, chez les plantes vasculaires, l'épiderme perd ses caractères à une certaine distance du sommet végétatif : ainsi chez les Mousses les plus compliquées, il est moins distinct dans des régions déterminées comme l'urne et particulièrement l'opercule.

Extérieurement, ses contours sont unis et ne se prolongent pas en poils, si ce n'est dans le pied de quelques Mousses inférieures, où les cellules superficielles constituent des poils absorbants. Ce cas est d'ailleurs plus fréquent chez les Hépatiques, tandis que, chez la plupart des Mousses, les cellules incluses dans la vaginule deviennent seulement bien plus volumineuses que les autres éléments épidermiques ; elles prennent des contours arrondis et font saillie extérieurement (Pl. II, fig. 26) aussi bien qu'en dedans. Il en résulte que le diamètre du pied est supérieur à celui de la soie proprement dite, bien que les cellules y soient moins nombreuses. L'épiderme y reste distinct jusqu'à la pointe, tandis que les assises profondes ne se différencient que plus haut en écorce et cylindre central.

Les cellules de l'urne sont parfois bombées en dehors et leur convexité est assez accusée pour simuler des papilles. Cette production atteint son maximum dans le *Pogonatum aloides* (Pl. II, fig. 22), tandis que des espèces voisines, comme le *Pogonatum nanum* (Pl. II, fig. 23), n'en présentent pas trace. Ce contraste est appréciable à l'œil nu, et, abstraction faite de la coloration différente, la capsule veloutée du *P. aloides* s'éloigne beaucoup de la capsule lisse et luisante du *P. nanum*. Cette structure est bien connue des taxinomistes : « La surface de la capsule, dit M. Delogne[1], est très rarement papilleuse (*Pogonatum aloides*, *P. urnigerum*) ; » et, d'autre part, suivant M. l'abbé Boulay[2], « plusieurs espèces de Polytrichées, spécialement les *Polytrichum piliferum*, le *Pogonatum aloides*, présentent, sur cette paroi capsulaire, de belles cellules ponctuées ». L'urne du *Polytrichum commune* nous offre quelque chose d'analogue, mais avec une modification notable (Pl. II, fig. 24).

Ces papilles rappellent assez les éléments décrits par M. Heinricher[3] sur l'épiderme de la face supérieure des feuilles de plusieurs Campanules et qui se rencontrent chez d'autres Phanérogames. Ainsi je trouve dans mon cahier de notes la description suivante concernant le *Gentiana Pneumonanthe* : « Épiderme supérieur : cellules à contours légèrement sinueux, bombées, avec stries ondulées convergeant vers le sommet (le croquis joint à cette description montre que l'excroissance est conique et à peu près limitée au centre de la cellule comme chez les Polytrichées). Cuticule et portion cellulosique de la membrane externe épaissies au sommet. Ces éminences sont plus accentuées sur les bords

---

1. DELOGNE, *Flore cryptogamique de la Belgique*, 1re partie : *Muscinées*. Bruxelles, 1883 ; p. 15.

2. BOULAY, *Muscinées de la France*. Paris, 1884 ; t. I, pages LXIV-LXV.

3. *Berichte der deutschen botan. Gesellschaft*, 1885 ; tome III.

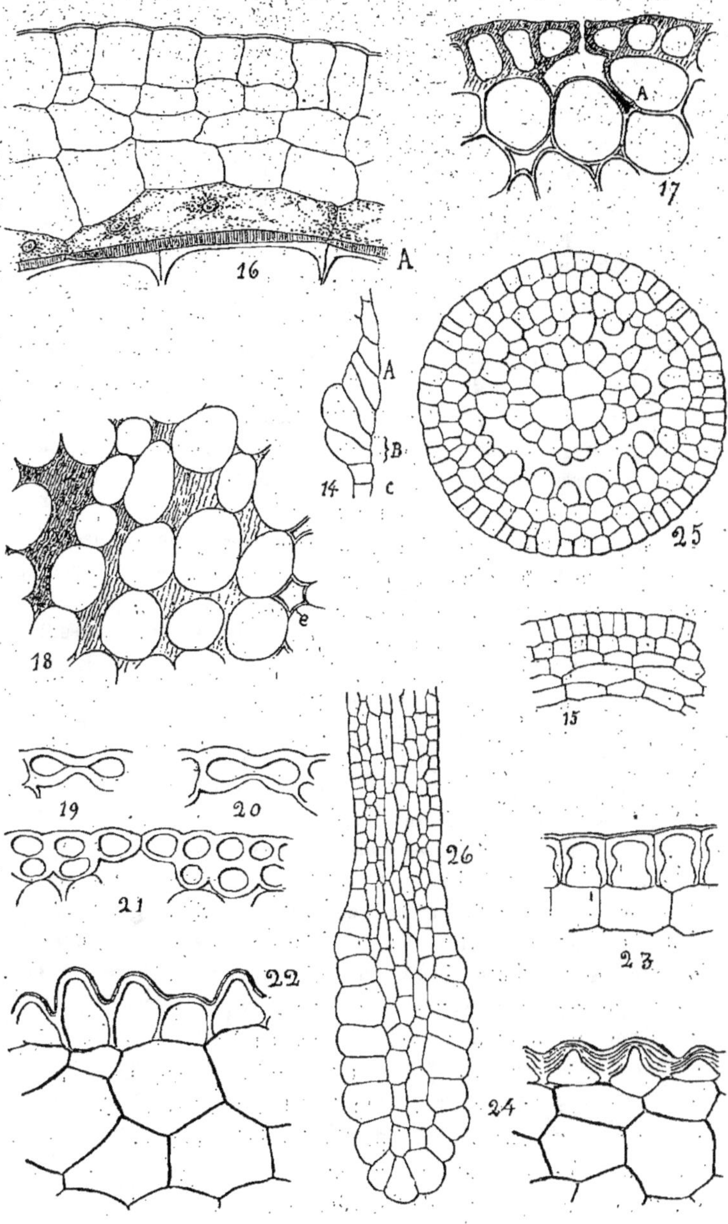

de la feuille où elles constituent de véritables poils. » Est-ce à dire, comme M. Heinricher l'admet pour les Campanules, que cette production représente un poil réduit ? Cette conception n'a pas, au fond, une bien grande portée ; la limite entre une cellule épidermique et un poil unicellulaire est toute conventionnelle, et à moins que l'on n'ait dans la comparaison des types voisins de solides jalons, ce que l'on peut admettre pour les Campanulacées, il n'y a pas de raison pour considérer la cellule papilleuse comme un poil réduit plutôt que comme une cellule ordinaire révélant une sorte de capacité latente de se transformer en poil. Cette tendance semble directement influencée par les relations réciproques des éléments : ainsi, chez la Gentiane, en allant des faces aux bords des feuilles, nous voyons ces émergences nous conduire insensiblement et par leur simple exagération aux véritables poils.

De même dans les sporogones de quelques Orthotrics, les cellules avoisinant les stomates dits cryptopores se développent exagérément autour du puits qui précède ces organes et qui constitue pour elles une surface libre comparable au bord de la feuille de la Gentiane. Leurs extrémités renflées donnent à l'orifice un aspect frangé. Ces cellules rappellent d'autant mieux les poils, qu'elles s'isolent par une cloison tangentielle de la cellule épidermique dont elles procèdent (Pl. I, fig. 12) ; seulement le soulèvement piliforme, au lieu d'affecter des cellules isolées, se fait en masse autour du puits stomatique.

Les plantes vasculaires nous offrent des exemples incontestables d'épidermes multiples en apparence résultant d'une concrescence de poils développés aux dépens de cellules contiguës. Ainsi l'ascidie de l'Utriculaire possède une sorte de vestibule ou d'entonnoir limité du côté de la grande courbure par la trappe, du côté correspondant au pédicelle par la paroi épaissie. Tout l'entonnoir et cette paroi en particulier sont garnis de poils glanduleux formés d'une cellule sécrétrice unique (contrairement à ceux de la paroi externe dont la glande est bicellulaire) et d'une portion basilaire. La portion basilaire diminue de longueur du bord au fond de l'entonnoir et ne comprend qu'une cellule, sauf au voisinage de l'entrée. En face du bord libre de la trappe, toutes les cellules épidermiques portent des poils glanduleux, dont les pédicelles, aussi larges que ces cellules, forment une membrane continue et très étroite, les portions glandulaires arrondies étant libres extérieurement. Cette structure simule, sur une coupe transversale, un épiderme dédoublé dont chaque élément porterait une glande sessile; et pourtant l'origine de cette apparence ne laisse ici aucun doute.

Cette observation nous conduit à penser que, si la cellule épidermique passe insensiblement au poil, le poil différencié peut aussi faire retour, par une voie compliquée, à la cellule épidermique. Nous sommes ainsi ramené en dernière analyse à notre point de départ, à savoir que le poil et la cellule épidermique sont un seul et même élément diversement adapté.

Sans insister sur le cas particulier des Orthotrics, auquel nous ramènera à un autre point de vue la description des stomates, revenons aux papilles des urnes de Polytrichées. La principale différence entre les papilles des *Polytrichum* et celles de la Gentiane consiste en ce que, chez cette dernière, le sommet est épaissi, tandis que chez la Mousse la paroi s'y amincit. Un pareil amincissement est fréquent à la base des poils bien différenciés chez les Phanérogames (*Armeria maritima*, etc.); seulement ici l'amincissement s'accentue jusqu'à la pointe, en sorte que la membrane forme cette proéminence sans consommer plus de matériaux que les cellules non papilleuses des angles de l'urne. Rien ne nous autorise en somme à supposer que la transformation piliforme des cellules épidermiques puisse dépasser dans l'urne des Mousses le stade représenté par les Polytrics et le *Pogonatum aloides*. Le cas des Orthotrics ne paraît pas être une simple exagération du précédent, puisque les cellules épidermiques n'y sont point papilleuses.

Sur la soie de diverses Hypnacées (*Brachythecium, Eurhynchium, Camptothecium*) des émergences épidermiques caractérisent le « pédicelle muriqué » des phytographes. Nous en verrons dans un instant la signification; disons seulement qu'elles n'ont rien de commun avec les poils.

Dans les régions où il est nettement différencié, l'épiderme est simple, c'est-à-dire constitué par une seule assise de cellules intimement unies entre elles et ne présentant d'autre solution de continuité que les orifices stomatiques. Pourtant l'épiderme est dédoublé localement au niveau des stomates profonds des Orthotrics. (Pl. I, fig. 12). Cet épiderme simple se constate surtout sur le col et la soie. Celui de la capsule subit souvent des segmentations tardives, principalement au niveau du péristome (Pl. II, fig. 16), et ces cloisonnements simulent assez bien une production de liège. Une telle formation pourrait bien jouer, dans la chute de l'opercule, un rôle comparable à celui du liège dans la chute des feuilles. Dans ce cas, l'assise extérieure reste spécialement affectée au rôle protecteur et constitue un épiderme secondaire ou physiologique, qui s'organisera comme l'épiderme du col, en transformant chimiquement et en colorant ses membranes.

L'épiderme de la soie présente parfois sur une section transversale deux coupes de cellules suivant un même rayon. Il doit néanmoins être tenu pour simple. Cet aspect a pour cause l'allongement rapide des cellules, allongement qui dépasse en quelque façon le but, en sorte que les extrémités des cellules étirées et fusiformes chevauchent l'une sur l'autre[1]. Les verrucosités des *Brachythecium*, etc., sont dues à un phénomène analogue : les extrémités contiguës de deux cellules épidermiques qui se sont allongées plus qu'il n'est utile pour suivre l'extension du pédicelle, au lieu de se placer l'une sur l'autre, font saillie en dehors en restant soudées ensemble. Chaque verrucosité comprend ainsi l'extrémité inférieure et l'extrémité supérieure de deux cellules consécutives. La fausse cuticule s'est considérablement épaissie sur la saillie qui en résulte. On ne peut pas comparer rigoureusement ces nodulés aux poils des plantes supérieures.

Cellules épidermiques. — Malgré ces aspects particuliers, l'épiderme de la soie conserve une structure beaucoup plus typique dans les Mousses inférieures où cette portion du sporogone s'allonge peu. Chez les *Phascum*, il se distingue des couches profondes par la grandeur de ses cellules et surtout par leur protoplasma fortement granulé et leurs noyaux volumineux.

1. Chez les Phanérogames dont le péricycle possède un anneau scléreux simple, les fibres présentent souvent un chevauchement de même nature.

Les parois épidermiques s'épaississent considérablement ; et la plupart du temps, à la membrane primitive (lamelle moyenne) un peu élargie s'ajoutent par apposition de nombreuses strates appliquées sur les parois externes et radiales, de façon à imiter un fer à cheval (Pl. I, fig. 7), comme cela s'observe dans l'endoderme, principalement chez les Monocotylédones. Les couches apposées peuvent former de plus forts renflements sur les faces radiales que sur la face externe (Pl. II, fig. 23). Ces dépôts, d'abord très pâles, s'accentuent et finalement révèlent la coloration brune caractéristique. Parfois, avant la formation de ces strates, la membrane subit un épaississement localisé sur les parois radiales au voisinage de la face externe (Pl. I, fig. 7).

La structure de l'épiderme au point de jonction de la capsule et de l'opercule mérite une mention spéciale. La modification la plus intéressante de cette région est sans contredit l'anneau, composé d'un ou de plusieurs cercles de cellules à paroi externe courte et brunie, à paroi interne bombée et susceptible de se gonfler fortement. Les cellules avoisinant l'anneau et particulièrement celles du bord de l'opercule sont généralement modifiées à son contact ; leur paroi interne, refoulée en haut, est courte et leur dimension radiale est supérieure à celle des autres éléments épidermiques. Ces cellules sont vivement colorées en rouge-sang dans le *Grimmia pulvinata* (Pl. II, fig. 14). Les cellules situées au-dessus de l'anneau sont souvent un peu colorées ; elles sont presque toujours moins hautes que celles du reste de la paroi capsulaire.

La présence de l'anneau n'est pas constante et ne constitue même pas un caractère générique. En son absence, les éléments avoisinant la ligne de déhiscence ne s'allongent pas radialement, mais présentent des parois plus ou moins colorées. Dans le *Grimmia apocarpa*, une ou deux assises seulement au-dessus et au-dessous de la ligne de déhiscence sont ainsi modifiées (Pl. III, fig. 31). Mais cette plante offre une particularité contre laquelle il faut se mettre en garde : les dents du péristome vivement colorées s'insèrent au niveau de la cinquième ou sixième assise épidermique de l'urne, au lieu d'être implantées près de la naissance de l'opercule comme cela se produit souvent : aussi à première

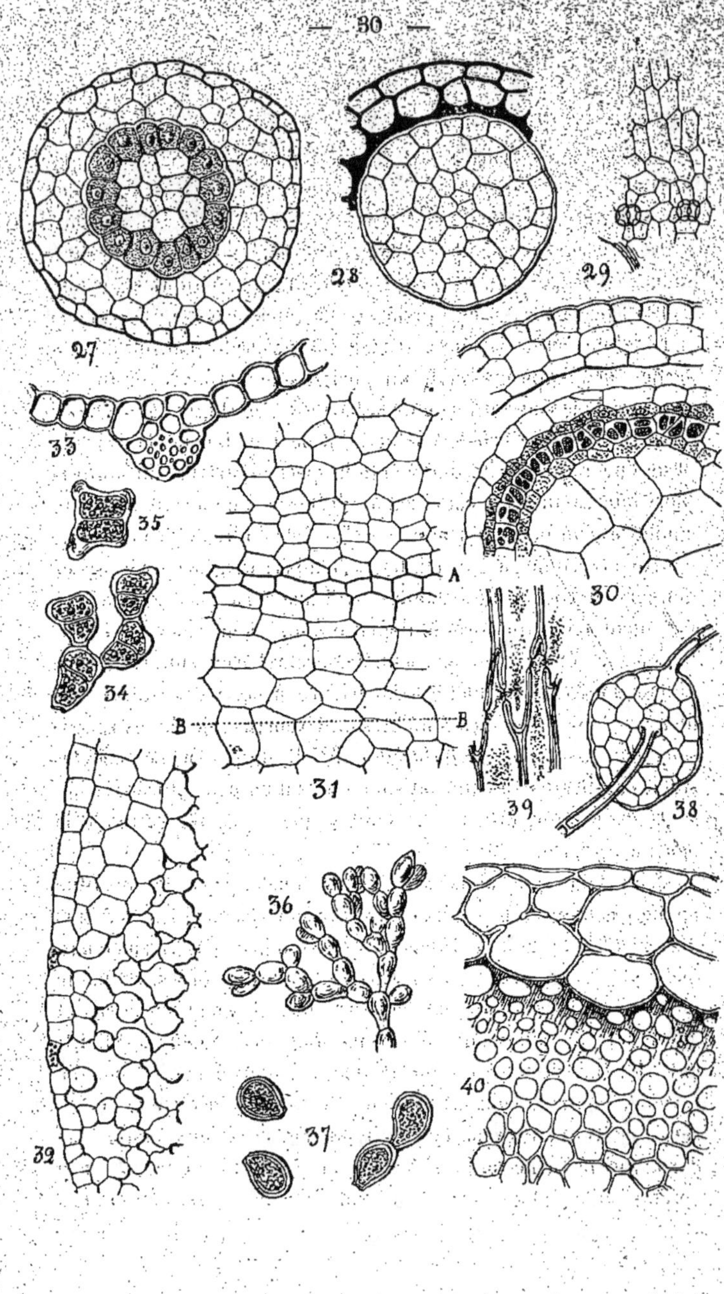

vue croirait-on que l'épiderme est coloré jusqu'à ce niveau. Je ne m'explique pas autrement l'opinion de Juratzka citée par M. Boulay et suivant laquelle « la capsule présente, sur le contour de l'orifice, une zone d'un rouge obscur formée de 4-5 séries de cellules que Juratzka considère comme un anneau persistant[1] ». Les épidermes étalés, comme les coupes longitudinales, ne révèlent rien de la structure d'un anneau et l'on ne peut guère admettre un anneau virtuel, puisque cet organe n'est en somme qu'une portion de l'épiderme adaptée à une fonction spéciale.

Certains auteurs, se basant sur ce fait que, dans plusieurs espèces, l'anneau reste adhérent à la capsule après la chute de l'opercule et tombe par morceau, au lieu de se détacher en masse, le regardent comme partie intégrante de la capsule. Parfois, au contraire, il tombe avec l'opercule. Au point de vue anatomique, il n'y a point de distinction entre l'opercule et la capsule ; l'anneau n'est pas non plus une région indépendante. Au point de vue physiologique, au contraire, il mérite d'être opposé à l'urne aussi bien qu'à l'opercule.

En somme, à part quelques caractères spéciaux, les cellules épidermiques ne diffèrent d'une région à l'autre du sporogone que par leur dimension relative suivant les trois directions de l'espace, l'accroissement longitudinal des cellules étant en rapport avec celui du corps végétatif dans la région considérée. Malgré ces dimensions variées, les cellules ont presque constamment un contour polygonal ou subrectangulaire. Exceptionnellement, et dans des cas où la croissance se prolonge dans les deux directions, les contours deviennent sinueux, comme cela se voit fréquemment sur les feuilles des plantes vasculaires : c'est ainsi que, dans le *Diphyscium foliosum*, une des faces de la capsule présente des cellules sinueuses, tandis que la face opposée est munie de cellules plus ou moins rectangulaires. Cette différence retentit sur la distribution des stomates, qui sont bien plus abondants sur la première. Les cellules qui avoisinent ces organes, subissant des cloisonnements plus actifs, sont relativement petites et à parois planes. Les stomates sont répandus dans cette espèce sur les cinq sixièmes inférieurs de la capsule.

1. *Loc. cit.*, page 392.

La transformation brune envahit de bonne heure l'épiderme de l'urne et de la soie et ne tarde pas à gagner le col. C'est généralement par les stomates qu'elle débute dans cette région, ou du moins c'est sur ces organes qu'elle progresse le plus rapidement. Nous y reviendrons à propos de l'étude de l'écorce et nous verrons que c'est à partir de ces orifices qu'elle s'étend aux tissus profonds; et si l'activité des cellules corticales n'est plus assez grande pour déterminer une véritable cicatrisation et une production de lenticelles, la localisation primitive de la coloration brune est assez nette pour faire distinguer les stomates à l'œil nu ou à un très faible grossissement. Les plantes dont le col très développé échappe à cet envahissement (apophyse des *Splachnum*) forment l'exception.

C'est surtout dans la soie que cette transformation chimique des membranes est profonde; elle s'étend souvent à l'écorce, en sorte que ce pédicelle se réduit à un axe très grêle enveloppé d'un cylindre creux résistant. M. Fritsch[1] a montré que ce cylindre mécanique se résout peu à peu, dans le *Polytrichum juniperinum,* en cordons distincts qui finissent par se perdre dans un cercle de petites cellules à membranes molles. M. Hy[2] a observé des faits analogues et considère ce contraste comme général; il en conclut même à une distinction fondamentale entre le pied et la soie. Nous ne saurions partager cette opinion; les caractères opposés de ces deux régions s'expliquent en effet directement par l'adaptation: ils résultent nécessairement de la protection permanente due à la vaginule et ce fait est de l'ordre de ceux que nous avons indiqués chez les Caryophyllées[3].

Parmi les réactifs qui rendent apparents les progrès de la modification des membranes, le vert d'iode nous a semblé particulièrement avantageux. Employé en solution alcoolique diluée, il se fixe fortement sur les membranes transformées mais encore incolores et leur donne une teinte d'un vert-bleu foncé semblable à celui des Rivulaires; les membranes qui commencent à jaunir

---

1. Fritsch, *Ueber einige mechanische Einrichtungen im anatomischen Bau von* Polytrichum juniperinum. (*Berichte der deutsch. Botan. Gesellsch.,* Bd. I, 1883.)

2. *Loc. cit.,* page 137.

3. *Loc. cit.*

naturellement deviennent vert de bouteille sous l'influence du
réactif, tandis que celles qui sont plus foncées, brunes ou rouges,
ne s'en imprègnent pas du tout et conservent leurs couleurs
naturelles. Les parois cellulosiques restent incolores. On trouve
donc dans les sporogones jeunes toutes les transitions du vert
bleu et même du bleu pâle, quand la transformation est à son
premier degré, au jaune et au brun, et l'on voit que la soie et
l'opercule devancent généralement de beaucoup la partie renflée
de l'urne dans cette organisation.

Stomates. — La répartition des stomates est essentiellement
déterminée par la nature des couches sous-jacentes. C'est la structure de ces dernières qui les exclut de certaines espèces et les
localise à des régions déterminées sur les sporogones qui en présentent; aussi ces questions seront-elles mieux traitées avec
l'écorce. Disons seulement que les plus grandes variations s'observent à cet égard même parmi les plantes les plus voisines. Ainsi
le *Bartramia pomiformis* ne possède qu'une seule rangée de stomates sur son col rudimentaire, tandis que le *Philonotis fontana*
les a disséminés en grand nombre sur le quart inférieur de la
capsule. Rarement ils dépassent le tiers inférieur de l'urne; ils
l'atteignent dans les Encalypta et les Orthotrics à stomates super-
ficiels; mais ils sont rarement aussi éloignés de la soie que dans
les Orthotrics à stomates profonds, si ce n'est chez le *Diphyscium
foliosum*, où on en trouve immédiatement sous le péristome.

Schimper, dans son mémoire fondamental sur la structure des
Mousses, considère la constitution de ces organes comme bien
spéciale : « Ces stomates, dit-il, offrent généralement la même
forme, mais ils n'ont pas toujours la même structure que les stomates des autres plantes... Dans le plus grand nombre de cas, ils
sont le résultat d'un déchirement partiel de la cellule destinée à
se transformer dans cet organe... Cette construction, comme on
le voit, ne s'accorde guère avec la définition qu'on donne ordinai-
rement d'un stomate... [1] » Une organisation aussi singulière
mérite d'être examinée avec soin, d'autant plus que cette opinion, appuyée de la haute autorité de Schimper, se trouve

---

1. *Loc. cit.*, page 47.

reproduite sans conteste dans des ouvrages fort recommandables [1].

Nos recherches nous ont convaincu au contraire que les stomates des Mousses ont la même origine que ceux des Plantes vasculaires : le stomate se compose de deux cellules de bordure nées par bipartition d'une cellule mère. Si l'on choisit bien ses exemples au point de vue du groupe et surtout de l'âge, on y distingue aisément (Pl. I ; fig. 8) des arêtes externes et internes comme dans les stomates les plus parfaits des Phanérogames ; les arêtes externes sont minces et saillantes ; les arêtes internes sont à peine accusées.

M. Hy [2] fait observer que leur degré de différenciation atteint parfois son maximum dans les groupes inférieurs, par exemple chez les *Ephemerum, Phascum, Pleuridium*. Ce fait ne saurait nous surprendre, puisque les représentants inférieurs d'un groupe quelconque sont les plus voisins du point d'où il a divergé de la souche des groupes plus élevés, et que les Mousses les plus humbles sont les plus proches parentes des Phanérogames.

Indépendamment des arêtes qui délimitent une antichambre bien développée et une arrière-chambre rudimentaire, les stomates des Mousses peuvent être munis d'un puits déterminé par la proéminence des cellules épidermiques (Pl. I ; fig. 12). Généralement peu accusée (*Sphagnum*, etc.), cette formation acquiert une grande importance dans quelques groupes. Toutefois, c'est un caractère essentiellement erratique, qui ne peut servir qu'à la distinction des espèces ou tout au plus des sous-genres. M. Venturi [3] l'a appliqué avec succès à la subdivision des Orthotrics. Dans les *Orthotrichum tenellum, saxatile*, etc., les cellules épidermiques avoisinant le stomate ne tardent pas à se développer et à se dresser comme une muraille autour des cellules de bordure (Pl. I ; fig. 10). En même temps elles se séparent par un cloisonnement tangentiel en un plan profond correspondant au niveau du stomate et un plan superficiel placé en dehors de la

1. Delogne, *loc. cit.*, page 15.
2. *Loc. cit.*, page 138.
3. Cité par Boulay, *loc. cit.*, page LXV.

situation primitive de l'épiderme. Les cellules de ce plan saillant épaississent leurs parois extérieures. Leurs bords libres devenant toujours plus proéminents se rapprochent au-dessus du stomate, et sur la capsule mûre, on ne distingue sur l'épiderme étalé que des fentes stelliformes à la place des stomates (Pl. I; fig. 11), d'où le nom de stomates cryptopores qui leur a été imposé. Il faudrait se garder, comme semble le faire M. Delogne[1], de prendre cet orifice du puits, au fond duquel s'ouvre le stomate, pour la fente stomatique elle-même. M. Boulay en donne au contraire une description fort exacte dans les points essentiels. Les spores sont fréquemment arrêtées dans ces anfractuosités, et l'on s'explique que d'anciens observateurs aient décrit de semblables orifices comme des pores livrant passage aux spores mûres.

Les cellules épidermiques sont généralement raccourcies dans les régions stomatiques. Elles entourent toujours le stomate en grand nombre depuis 5-8 (*Seligeria pusilla, Phascum cuspidatum, Dicranum scoparium*) jusqu'à une douzaine et davantage chez les *Funaria, Bryum*, etc. Ces cellules n'affectent pas de rapports spéciaux avec les cellules stomatiques, si ce n'est leur disposition rayonnante accusée surtout vers les pôles de l'ellipse, disposition qui est au reste secondaire. Les fentes sont communément parallèles à l'axe du sporogone. La cellule initiale faisant partie d'une file longitudinale de cellules épidermiques devient directement cellule mère (Pl. I; fig. 10). D'habitude, les cellules de la file à laquelle appartient l'initiale du stomate subissent un seul cloisonnement radial après l'individualisation de cette dernière, en sorte que chaque cellule de bordure semble faire partie d'une rangée longitudinale distincte. Souvent aussi les cellules supérieures au stomate se cloisonnent seules, les inférieures restant indivises, car le nombre des rangées longitudinales augmente à travers le col, de la soie à l'urne proprement dite.

Les stomates répondent donc bien au même type et le réalisent aussi parfaitement que ceux des Phanérogames. Mais cette structure, indéfiniment persistante sur l'apophyse des *Splachnum*,

1. *Loc. cit.*, page 15.

disparaît généralement de très bonne heure par les progrès de l'épaississement et de la transformation chimique des membranes ; elle est déjà profondément altérée, avant que la capsule ait commencé à brunir. Aussi les stomates, dont le rôle est éphémère, prennent-ils rapidement, comme tout organe sans fonction, des caractères d'imperfection. Schimper a pris cet état dégradé pour la forme typique et primitive des stomates des Mousses.

Comme il était à prévoir, certaines Mousses considérées comme les plus élevées par la structure du sporogone aussi bien que de la tige sexuée présentent les stomates les plus imparfaits : tels sont les Polytrics. Leur apophyse se comporte tout autrement que celle des *Splachnum*, bien qu'au début elle lui soit comparable. Les cellules stomatiques sont différenciées de bonne heure, avant que l'épiderme ait cessé de se cloisonner, en sorte qu'elles sont bien plus volumineuses que les cellules voisines. Ces stomates sont très nombreux, souvent confluents. Leurs cellules, bourrées d'amidon, sont situées sur le même plan que les éléments épidermiques et débordent pourtant ces derniers en dedans et en dehors par suite de leur épaisseur un peu plus grande. L'épiderme se charge de pigment avant que la coiffe velue ait complètement mis à nu l'apophyse ; les cellules stomatiques, tout en épaississant leurs parois plus fortement que les autres éléments de l'épiderme, restent plus longtemps incolores, tandis que ces derniers brunissent.

La marche de l'épaississement des cellules de bordure offre une particularité fort intéressante, parce qu'elle a masqué aux yeux de Schimper la structure initiale des stomates : la cellule mère s'est cloisonnée et les cellules filles se sont écartées dans la région moyenne, suivant le mode habituel ; mais l'épaississement va respecter la mince cloison qui sépare les cellules de bordure en dehors des limites de la fente ; il atteint, au contraire, un haut degré dans la portion qui tapisse l'orifice, si bien qu'il finit par le combler plus ou moins complètement. La mince portion non transformée se résorbe et sur des exemplaires de moyen développement nous trouvons bien l'aspect décrit par Schimper (Pl. II, fig. 19-21) ; seulement cet aspect, loin d'être typique, est dû à une altération secondaire.

Les stomates des Polytrics présentent une autre anomalie fort
remarquable déjà décrite par Schimper[1]. Sur quelques-uns de
ces organes, les cellules de bordure, après s'être formées comme
d'habitude, se cloisonnent transversalement et la cloison s'épaissit.
Cette segmentation secondaire est le plus souvent bilatérale. L'ensemble du stomate n'en garde pas moins à l'origine sa forme
elliptique et une dépression au niveau des cloisons perpendicu-
laires à la fente se montre assez tard, permettant toutefois,
presque toujours, de reconnaître que le cloisonnement s'est
opéré en deux temps et qu'il n'y a pas quatre cellules de bordure équivalentes, comme on le dit parfois. Cependant, on con-
çoit la possibilité d'une accélération de développement qui ferait
apparaître à la fois deux cloisons rectangulaires identiques ; leur
écartement simultané déterminerait alors un orifice crucial
comme celui du *Frenelopsis* fossile. Ce rapprochement est autrement légitime que celui de cette même Junipérinée et des Marchantiées, ainsi que nous l'avons indiqué ci-dessus.

L'abondance des stomates est telle sur l'apophyse du *Polytrichum commune,* que ces organes se touchent assez souvent. Il
n'y a pas dans ce cas de difficulté sérieuse pour distinguer plusieurs
stomates confluents d'un stomate multicellulaire.

Dans les *Sphagnum,* les stomates sont frappés d'un véritable
arrêt de développement dès l'origine. Recouverts par l'épigone
pendant toute la période de jeunesse où leur fonctionnement
serait possible, ils restent toujours rudimentaires. Même dans ce
cas, d'ailleurs, ils ont la même origine que ceux des Phanérogames ; la seule différence consiste dans la fin prématurée de
leur évolution. En résumé, les stomates des Mousses répondent
au *même type que ceux des Plantes vasculaires.* Seulement ce
type y est susceptible d'*altérations secondaires,* dont il faut se
garder d'exagérer l'importance.

Écorce. — Nous étudierons dans l'écorce les trois régions
anatomiques secondaires que nous lui avons reconnues chez les
Phanérogames : l'exoderme, l'autoderme, l'endoderme.

Exoderme. — L'exoderme ou assise externe de l'écorce est

1. *Loc. cit.,* page 17, et pl. VIII, fig. 22.

parfois nettement différencié chez les Mousses, sans présenter toutefois de structure aussi spéciale que la couche fibreuse des capsules d'Hépatiques. Les *Andreæa* font peut-être exception; malheureusement, nous n'avons pu examiner que des représentants de ce groupe (*Andreæa rupestris*, var. *falcata*) qui joignaient à une exiguïté extrême une consistance ligneuse trop accusée pour nous permettre d'obtenir des coupes transversales convenables. Nous avons constaté seulement que, dans la région inférieure où la déhiscence se localise d'abord, la capsule possède des bandes brunes à contours sinueux correspondant aux cloisons radiales, mais intéressant à peine les parois transverses et les faces interne et externe qui s'offrent de champ sur les valves étalées, tandis que la paroi capsulaire offrait une pigmentation confluente ne laissant aucun espace incolore au voisinage du sommet. On peut donc admettre qu'ici comme chez les Hépatiques, la déhiscence valvaire est déterminée par l'inégale contractilité de membranes partiellement cellulosiques et partiellement transformées; mais je n'affirme pas que l'exoderme soit ici la zone active.

Dans les régions stomatiques qui offrent la structure caulinaire dans sa plus grande pureté, l'exoderme forme une couche unie à l'épiderme sans méats, mais séparée de l'autoderme par des espaces aérifères plus ou moins considérables et perforée par les chambres hypo-stomatiques. Dans le *Funaria hygrometrica* (Pl. III, fig. 32) l'exoderme est formé d'éléments arrondis sur leurs faces internes et reliés aux cellules profondes par des étranglements semblables à ceux qui unissent ces dernières entre elles : l'exoderme se distingue uniquement dans ce cas à sa soudure intime avec l'épiderme. Les stomates de cette plante font une légère saillie en dehors et une partie de la chambre aérifère est limitée dans sa portion périphérique par les cellules épidermiques elles-mêmes. Sur l'apophyse du *Splachnum ampullaceum* (Pl. I, fig. 4), l'exoderme, intimement soudé à l'épiderme, forme une couche plus distincte et les méats qui le séparent de l'autoderme ne tardent pas à se transformer en vastes lacunes traversées par des filaments cellulaires qui relient ces deux régions (Pl. I, fig. 2, 3, 9). Les stomates ne sont pas saillants. L'exoderme des Polytrics a dans l'apophyse une constitution analogue; ses cellules petites et plus distinctes de l'autoderme que de l'épiderme s'épaississent de bonne heure comme l'épiderme lui-même. Cette structure se modifie dans les zones dépourvues de stomates et de méats intercellulaires; dans la soie, les régions de l'écorce ne sont pas distinctes. Sur une capsule jeune de *Sphagnum* l'exoderme se présente sous forme d'une assise de cellules aplaties, interrompues par un grand nombre de chambres hypo-stomatiques; mais le plus souvent l'exoderme de la région fertile reste intimement soudé à une ou plusieurs assises plus profondes aussi bien qu'à l'épiderme, sans qu'il y ait trace de méats, tandis qu'il se produit une lacune annulaire dans l'épaisseur de l'écorce; l'exoderme est peu distinct dans ce cas: il se reconnaît pourtant encore dans quelques espèces à ses cellules plus grandes que celles des assises profondes et remplies de grains composés d'amidon dont le diamètre dépasse celui des grains du reste de l'écorce (*Phascum cuspidatum*).

Les Orthotrics à stomates capsulaires ont une organisation spéciale. L'écorce du col est un parenchyme uniforme sans méats. Vers le milieu de l'urne, la région externe de l'écorce comprend trois assises intimement unies à l'épiderme et où l'exoderme n'est pas distinct; mais au niveau des stomates se localisent des îlots de cellules vertes à contours arrondis circonscrivant des méats en rapport avec la lacune annulaire.

Si la marche de la différenciation ne nous semblait pas particulièrement altérée dans la région operculaire et si l'épiderme lui-même n'y était pas imparfaitement individualisé à l'égard de l'écorce, nous serions tenté de voir dans ces cloisonnements tangentiels, bien figurés par M. Hy[1], une première apparition du rôle qui a fait donner à l'exoderme le nom de couche subéreuse. Nous rappellerons toutefois que ces cloisonnements peuvent s'opérer de bonne heure dans l'assise externe (Pl. II, fig. 15, 16).

Autoderme. — Les cellules de l'autoderme sont plus ou moins arrondies au voisinage des stomates; elles circonscrivent ainsi des méats parfois volumineux (*Funaria hygrometrica, calcarea*), par-

---

1. *Loc. cit.*, fig. 44, 46, 47

fois très réduits (*Sphagnum*). Kienitz-Gerloff, dans la description du *Phascum cuspidatum* et du *Ceratodon purpureus*, a déjà indiqué cette apparition corrélative des méats et des stomates [1]. Dans les régions dépourvues de stomates, l'autoderme est intimement soudé à l'exoderme sans qu'aucun méat s'interpose entre leurs cellules ; par contre, il se produit une lacune annulaire au sein de l'autoderme. Exceptionnellement et seulement dans des Mousses très petites, la lacune apparaît entre la première et la deuxième assise corticale par suite d'une réduction extrême de l'écorce ; il n'y a pas de stomates dans ce cas (*Ephemerum*). La lacune dépasse peu les limites de la région des spores ; elle détache d'habitude de l'autoderme une assise interne constituant avec l'endoderme ce que Schimper appelait le sporange externe. Cette assise revêt parfois un aspect particulier dû à ses connexions : ainsi dans le *Brachythecium rutabulum*, elle se distingue par sa richesse amylacée tout en différant aussi de l'endoderme ; en tous cas cette spécialisation de structure est tardive et surtout elle ne se retrouve pas sur la face interne de la couche de spores (Pl. III, fig. 30) ; aussi l'opinion de Schimper nous semble-t-elle exagérée : « Chacun des sacs du sporange, dit-il, est formé de deux couches de cellules plus petites et plus riches en chlorophylle, à l'état jeune, que les cellules qui tapissent la paroi interne de la capsule et celles qui constituent la columelle [2]. » La couche interne de l'autoderme ne saurait être opposée au même titre que l'endoderme au reste de l'écorce.

M. Hy considère l'apparition de la lacune annulaire comme très précoce : « La formation de ces lacunes, dit-il, se produit avant que les divers tissus aient commencé à revêtir leurs caractères propres [3]. »

Cette manière de voir est un peu trop absolue. Ainsi la figure 5 de la planche I nous montre le tissu sporogène nettement différencié, ainsi que l'endoderme, bien avant la naissance de la lacune.

1. F. Kienitz-Gerloff, *Untersuchungen über die Entwickelungsgeschichte der Laubmoos-Kapsel und die Embryo-Entwickelung einiger Polypodiaceen* (*Botan. Ztg.*, 1878, pages 41 et 45, fig. 19, 33 et 34.)

2. *Loc. cit.*, page 53.

3. *Loc. cit.*, page 136.

M. Kienitz-Gerloff a d'ailleurs établi ce fait à propos du *Funaria hygrometrica* : « *Zu der Zeit wo die sporenbildende Schicht bereits fertig abgeschieden ist, beginnt die Bildung des Hohlraumes* [1]. »

A la base du péristome, la lacune disparaît au-dessus d'une courte zone où sa cavité était divisée par des prolongements des éléments voisins (Pl. II, fig. 25). Les travées cellulaires sont généralement plus considérables vers le col, et déterminent un aspect intermédiaire entre la lacune et les méats proprement dits. Il peut même se faire que la lacune reste partout traversée par ces files de cellules ; et dans les Polytrics, il en résulte un tissu très lâche entourant le sporange, et se retrouvant dans la région moyenne du cylindre central. Des méats intercellulaires s'observent dans l'urne de ces Mousses jusqu'au voisinage de l'épiderme, et l'on peut considérer la lacune annulaire imparfaite, comme un ensemble de méats confluents. La structure de l'écorce dans l'urne des Polytrics est intermédiaire à la structure habituelle du col, où les méats sont nombreux, à l'exclusion d'une vaste lacune, et celle de la capsule, où les méats intercellulaires disparaissent pour faire place à une lacune unique, formée par dissociation des assises préexistantes. Malgré la présence de ces méats, l'épiderme de la capsule des Polytrics ne produit pas de stomates ; au contraire, il épaissit de bonne heure ses parois, et des cloisons tangentielles déterminent une couche de renforcement née aux dépens de l'épiderme, et composée de cellules intimement soudées entre elles comme du liège. Ces assises épidermiques, analogues à un liège, sont plus nombreuses au voisinage du péristome.

Nous devons mentionner ici la valeur du péristome (Pl. I, fig. 13). Il résulte des travaux de Schimper, que cet organe est d'origine corticale : « Le péristome intérieur forme toujours la continuation du sac extérieur du sporange [2]. » D'autre part, M. Hy remarque que, dans les espèces examinées par lui, les dents se différencient à des profondeurs variables ; mais il ne faut pas oublier que cette profondeur est modifiée par les cloisonnements secondaires de l'épiderme et des assises corticales externes. L'é-

1. *Loc. cit.* (1878), page 16.
2. *Loc. cit.*, page 53.

tude anatomique offre d'ailleurs, dans des régions aussi profondément altérées par la fonction, des difficultés spéciales, et un
intérêt de second ordre.

Les stomates des *Splachnum* restent indéfiniment actifs ; les
méats volumineux persistent encore dans les *Funaria* ; mais,
d'habitude ils cessent de communiquer avec l'extérieur. Dans les
Polytrichum, les stomates sont fermés par l'épaississement de
leurs membranes cellulaires ; dans les *Sphagnum*, les méats s'effacent par compression ; plus souvent, ils sont comblés par des
bouchons de substance brunissante. Ce phénomène débute au
voisinage des stomates, et au contact de la chambre hypostomatique, comme nous l'avons indiqué dans la figure 17 de la planche
II, empruntée au col d'un *Fissidens taxifolius*, dont la capsule
était encore verte. L'épiderme a subi la transformation brune :
les cellules stomatiques sont particulièrement colorées ; cette
teinte s'étend aux parois corticales de la chambre aérifère. La
communication de celle-ci et des méats profonds est interceptée
par un bouchon faiblement coloré en brun, et nettement limité
(Pl. II, fig. 17, A). Sur des sporogones un peu plus âgés, on voit
les méats successivement envahis par cette substance intercellulaire. On la mettra en évidence par certains réactifs colorants ; ici
encore, le vert d'iode nous semble recommandable. La figure 18
de la planche II représente une coupe tangentielle du col d'un
Brachythecium rutabulum ainsi traitée, et dans laquelle le côté
gauche était voisin de l'épiderme, et le côté droit, plus profondément enfoncé : la coloration de la substance intercellulaire décroît
de la périphérie au centre, et les espaces les plus internes (e) sont
encore libres. Cet envahissement secondaire des espaces intercellulaires par une substance fondamentale trouve son explication
dans la présence d'une couche plasmatique, qui tapisse normale-
ment les méats intercellulaires dès leur première formation, et
dont M. Russow a démontré l'existence générale [1].

Les membranes corticales qui bordent la lacune annulaire ont
aussi la propriété de se transformer chimiquement, et de se colorer sans s'épaissir notablement.

1. E. Russow, *Ueber die Auskleidung der Intercellulären.* (*Separ.-Abdr. aus
Sitzungsber. der Dorpater Naturforscher-Gesellsch.*, VII, 1884, Heft 1.)

On attribue généralement à la paroi capsulaire l'origine des traînées filamenteuses qui traversent la lacune. Il est certain, pourtant, qu'au-dessous de la région des spores, les assises du sporange externe de Schimper se dissocient de la même façon, dans certaines espèces. Ce fait n'est pas surprenant, puisque les tissus qui bordent les deux faces de la lacune annulaire ont la même valeur anatomique.

Endoderme. — Les notions de l'endoderme et du péricycle sont corrélatives au même titre que celles de l'exoderme et de l'épiderme, et le degré de différenciation de l'endoderme est en rapport avec celui de la limite extérieure du cylindre central et des systèmes profonds, dont le péricycle transmet l'influence à l'écorce. L'absence de système conducteur cribro-vasculaire nous fait déjà prévoir un état rudimentaire de l'endoderme, et les Mousses, en effet, ne nous offriront aucune trace du réseau d'épaississements, si important pour reconnaître l'endoderme, chez les plantes vasculaires.

Nous ne pensons pas, au reste, que l'on puisse encore aujourd'hui considérer cette structure comme absolument caractéristique de l'endoderme. Non seulement les ponctuations caspariennes font défaut dans bien des tiges et des racines, où l'assise corticale interne est parfaitement distincte; mais on en a signalé en dehors de cette région, et elles n'en sont même plus l'apanage exclusif. L'assise plissée, décrite chez les *Marsilia*, divers *Equisetum*, etc., comme un endoderme médullaire, peut encore être rattachée à la région endodermique. Si nous suivons en effet l'évolution de cette zone, nous voyons que, chez les plantes inférieures, elle entourait un axe réduit à un faisceau cribo-vasculaire unique (Fougères, etc.). Par suite de la complication croissante de l'organisme, plusieurs cylindres semblables, munis chacun de son endoderme et de son péricycle, ont coexisté dans une même masse parenchymateuse; mais par suite d'une loi générale d'organogénie, ces cylindres, primitivement isolés, tendaient à fusionner leurs parties homologues, et à réaliser une unité d'ordre plus élevé : telle est l'origine du cylindre central de la plupart des Phanérogames. Les stades de cette progression sont marqués par l'état permanent de certains groupes, tels que les Prêles, et ils reparaissent par une sorte d'atavisme, chez diverses Dicotylédones, dont les feuilles, et même les tiges, ont un cercle de cylindres équivalents chacun, à certains égards, à un cylindre central, et plongés, avec leur péricycle et leur endoderme propres, dans la masse fondamentale, où l'on ne distingue alors ni écorce, ni moelle.

Mais il est des cas où l'origine de l'assise plissée est d'une tout autre nature. Dans les Équisétacées, les Marsiliacées, le *Salvinia*, c'est l'avant-dernière assise de l'écorce qui en est le siège. La structure des Fougères se relie directement à la précédente, bien que les plissements cèdent la place à une subérisation uniforme. Chez certaines Composées, c'est en des points localisés au dos des canaux sécréteurs, qu'une assise plus extérieure hérite de la structure habituelle de l'endoderme. Parmi les Conifères, les cellules plissées s'observent, suivant les espèces, aux niveaux les plus divers de l'écorce : l'endoderme seul en est constamment dépourvu. Mais la substitution constitue une anomalie beaucoup plus profonde quand, au lieu d'envahir des couches de même origine que l'endoderme, les plissements subérisés se localisent dans l'assise la plus externe du plérome ou cylindre central primitif, comme cela existe, d'après M. Van Wisselingh [1], chez diverses Monocotylédones. Enfin, la situation des cellules à ponctuations caspariennes, autour des lacunes centrales des *Isoëtes* reste inexpliquée, mais peu d'accord avec une origine endodermique [2].

Ces exceptions notables, qui ne sont pas de nature à confirmer la règle de position de l'assise à ponctuations, nous font penser qu'il vaudrait beaucoup mieux abandonner complètement le mot endoderme, au sens histologique, et le réserver à la zone anatomique, qui se trouve à la limite interne de l'écorce. Cette zone montre sa valeur générale, indépendante de toute fonction, par la diversité même des appareils dont elle devient le siège. On peut

1. Van Wisselingh, *La Gaîne du cylindre central dans la racine des Phanérogames. (Botan. Centralbl. ex Archives néerlandaises,* tome XX.)

2. Ed. de Janczewski, *Études comparées sur les tubes cribreux. (Annales sc. nat.* 6e série, t. XIV, 1882.) Dans ce mémoire sont mentionnées les observations antérieures de Russow (1872) et de de Bary (1877).

envisager l'endoderme comme une région importante en elle-
même, à un point de vue strictement anatomique, et prédestinée
à jouer un rôle considérable, mais primitivement indéterminé,
tout comme le cylindre central, chez les plantes supérieures, préexiste aux faisceaux cribro-vasculaires, qui se localisent si nettement en lui, dans les cas habituels.

Dans le col des Mousses, dans la soie, dans la région operculaire, où aucune fonction essentielle ne modifie la constitution du
cylindre central, il n'y a pas lieu de rechercher un endoderme
différencié. Mais, dans l'urne, où l'endothecium devient générateur des spores, la couche corticale interne se distingue du reste
de l'écorce par des partitions radiales répétées, qui rendent ses
éléments bien plus petits que ceux des assises contiguës, tandis
que leur contenu, consistant au début en un protoplasma plus
dense, devient, avec l'âge, un endoderme amylacé. L'endoderme
correspond donc, chez les Mousses, à la couche profonde du sporange externe de Schimper, du « *äussere Sporensack* » des auteurs allemands.

CYLINDRE CENTRAL. — Le cylindre central (endothecium de
Kienitz-Gerloff) se sépare de bonne heure de l'écorce, et reste
d'ordinaire distinct dans le col et la soie, grâce à ses cellules étroi-
tes et à ses parois minces. Ses limites s'y effacent plus ou moins
avec les progrès de l'âge, sous l'influence de la croissance et de
l'altération des membranes. Mais, dans l'urne, les modifications
d'ordre physiologique maintiennent, en les accentuant, les dis-
tinctions anatomiques primordiales, et dans cette région un péricycle s'oppose à la masse principale du cylindre central, ou
autocycle.

Péricycle. — Le péricycle est déjà une couche génératrice chez
les Mousses, où il constitue l'archesporium, ou tissu producteur
des spores. Chez les plantes vasculaires, ce rôle se traduit sans
doute par la production de tissus différents ; mais la dissociation
qui transforme ses éléments en spores, malgré son importance
fonctionnelle, a moins de valeur, au point de vue de l'anatomie
générale, que la localisation même des cloisonnements qui la
préparent. Ces cloisonnements, en effet, s'accomplissent dans une
couche homologue de celle qui, chez les Plantes vasculaires, de-

vient le siège d'une active prolifération destinée à donner, soit
des racines, soit des tissus secondaires.

Autocycle. — En l'absence de faisceaux conducteurs, l'autocycle est réduit à la moelle. Rarement, le cylindre central se creuse
d'une vaste lacune semblable à celle de l'écorce, et traversée
comme elle par des filaments cellulaires, de façon à isoler de la
columelle le sporange interne des auteurs, comme la lacune corticale sépare le sporange externe de la paroi capsulaire (*Polytrichum*). D'ordinaire, la columelle est adhérente au sac de spores,
et sa rangée externe est différenciée comme l'endoderme, ce qui
montre une fois de plus que les caractères histologiques ne sont
pas strictement limités aux régions anatomiques qu'ils occupent
habituellement. Aux limites supérieure et inférieure de l'archesporium, les enveloppes endodermique et médullaire de la couche
de spores sont reliées par des pièces de raccordement, semblables à celles qui, chez les plantes vasculaires, unissent l'endoderme
d'une racine à celui de la racine mère ou d'une tige, en sorte
que toute la zone péricyclique transformée en spores est enfer-
mée dans un sac différencié, à son contact, aux dépens de tissus
distincts par leur origine : les uns corticaux, les autres médullaires, mais concordants par leur structure définitive. Au début,
l'endoderme se distingue le plus souvent des portions du sac, provenant du cylindre central, par un protoplasma plus dense et des
noyaux plus volumineux (*Phascum, Splachnum,* etc.).

Les propriétés génératrices du péricycle peuvent s'étendre aux
assises médullaires contiguës. Lantzius-Beninga a décrit un fait de
ce genre à propos du *Barbula subulata*, et Kienitz-Gerloff en a indiqué un de même ordre, quoique moins évident, dans un *Bryum*
indéterminé [1]. Rien n'est plus fréquent que ces sortes de méta-
morphismes de contact chez les plantes supérieures : souvent on
y voit le péricycle entrer en activité au contact des cellules cam-
biales des rayons médullaires, et réciproquement.

Résumé. — La structure du sporogone, aussi bien que son
origine, répond à celle d'une tigelle de Phanérogame. Toutefois,
c'est une tigelle modifiée par l'apparition des spores et des or-

____

1. *Botan. Ztg.*, 1878, page 47.

ganes annexes, de même que la tigelle des Phanérogames est transformée par les faisceaux conducteurs. On considérera donc le sporogone comme un dérivé de la tigelle au même titre que la tige des plantes vasculaires. Ses zones anatomiques ne cadrent point par leurs limites avec les zones distinguées physiologiquement : l'épiderme, avec une portion de l'écorce, forme la paroi capsulaire ; le reste de l'écorce, y compris l'endoderme, constitue le sporange externe ; la lacune annulaire est sans importance anatomique ; l'archesporium, ou couche formatrice des spores, provient du péricycle, tandis que le sporange interne et la columelle dérivent de la moelle.

Un trait important de cette organisation réside dans la distinction nette d'un cylindre central en l'absence de faisceaux cribrovasculaires.

Dépourvu de membres appendiculaires, le sporogone conserve la symétrie axile dans toute sa pureté, si l'on fait abstraction des incurvations tardives de la capsule.

II. — HOMOLOGIES DES MOUSSES ET DES THALLOPHYTES.

Les liens qui unissent les Mousses aux Hépatiques ne sont pas contestés ; nous n'en ferons pas une étude spéciale. Nous avons ici en vue les relations de cette classe avec les Thallophytes proprement dits.

De la spore, que l'on pourrait déjà envisager comme une formation thallophytique, procède un corps semblable à une Algue, naissant et croissant comme une plante de ce groupe. Les anciens botanistes confondaient cette forme avec les véritables Algues, et en faisaient le genre *Protonema*. Depuis qu'Agardh a montré les relations de ce corps avec les Mousses, on a détourné le mot protonema de son sens primitif, pour désigner non plus une espèce, mais une forme végétative.

A cette phase, succède la tige feuillée ou corps sexué de la Mousse. Nous savons déjà que cette tige feuillée n'est pas l'homologue de celle des plantes vasculaires ; par contre, tout en différant du type des Thallophytes par certains points essentiels de son organisation, elle lui est reliée par quelques particularités. Nous

— 48 —

rappellerons tout d'abord sa dérivation du protonema. On tient peu de compte d'habitude de ce corps rudimentaire; la plupart des bryologues le citent à peine; ceux qui approfondissent avec le plus de soin la structure des Muscinées, disent volontiers avec M. Hy: « Il n'y a aucun intérêt à se prononcer sur ces organes mal différenciés [1]. » Nous croyons au contraire que chaque organe a sa raison d'être, et celui qui n'a pas de rôle actuel à remplir, est un témoin du passé et de l'origine de la plante dont il fait partie. Si l'ontogénie résume l'évolution d'un type, si les phases de l'existence d'un être rappellent les formes dont il dérive, l'élément confervoïde ou ulvoïde des Mousses indique leur souche thallophytique. Pourtant, il existe entre le protonema et le corps sexué une différence profonde, et la naissance de celui-ci aux dépens de celui-là, ne peut mieux être comparée qu'à une métamorphose. L'anatomie comparée [2] nous montre en effet le protonema se transformant directement en corps sexué chez les Hépatiques thalloïdes, tandis que chez les représentants les plus élevés de cet ordre, le contraste s'accentue entre les deux phases. Dans les Mousses, tous les stades intermédiaires sont sautés, en sorte que l'on voit apparaître brusquement un corps différant profondément de celui dont il dérive, ce qui est l'essence même d'une métamorphose.

La tige feuillée conserve un autre caractère des Thallophytes, dont la netteté est, au reste, fort inégale dans les représentants de la classe : je veux parler de la propriété de transformer certains éléments en propagules. Ces organes sont des corps capables de donner *par germination*, après une *période de vie latente*, un nouvel individu, et que l'on peut considérer comme homologues des spores conidiennes des Thallophytes. Les propagules ne sont pas de simples boutures, mais de vrais corps reproducteurs, et la plante qui en naît est un individu nouveau, passant par les mêmes phases que celui qui résulte de la germination des spores sporogoniales ou protospores. Il se présente en effet d'abord sous la forme de protonema; et quand le protonema issu de la protos-

1. *Loc. cit.*, page 182.
2. J. Grönland, *Mémoire sur la germination de quelques Hépatiques.* (*Annales des sciences nat.*, 4ᵉ série, t. I, 1854.)

pore produit une sorte de proembryon lamelleux, sur lequel seulement se développera le corps sexué, comme chez le *Tetraphis pellucida*, le protonema, issu du propagule, se comporte de même.

On observera toutefois que le nom de propagules a été donné à des formations de nature différente. Les bulbilles des Marchantiées n'ont pas la valeur de spores conidiennes ; chacune d'elles constitue un petit thalle qui, après avoir atteint un certain développement sur la plante mère, se détache pour former une bouture naturelle et s'accroît directement sans germination.

Cette réserve faite, on trouve toutes les transitions entre les propagules identiques à des spores, comme ceux du *Scapania nemorosa* parmi les Hépatiques (Pl. III, fig. 36, 37), et ceux qui semblent avoir une origine moins nette. A côté de cette forme de spores unicellulaires on placera les propagules bicellulaires de nombreuses Hépatiques, à contour tantôt elliptique, tantôt hérissé de tubérosités (*Jungermannia minuta*, *J. ventricosa*, etc.) (Pl. III, fig. 34, 35). Ils nous conduiront aux types décrits chez les Mousses, tels que les séries linéaires des Orthotrics et enfin aux raquettes des *Aulacomnium androgynum* et des *Tetraphis pellucida*. Dans ces dernières, chaque cellule germe isolément et il n'est pas rare de voir plusieurs protonemas se développer simultanément aux dépens d'un même propagule ; j'en ai observé quatre sur un propagule de *Tetraphis*. Ces protonemas naissent le plus souvent des cellules marginales ; pourtant les cellules des faces ont les mêmes propriétés essentielles et peuvent aussi germer (Pl. III, fig. 38).

L'apparition des propagules n'exclut pas toujours celle des organes sexuels. A côté du *Calypogeia Trichomanis* (Hépatiques), du *Tetraphis pellucida*, de l'*Aulacomnium androgynum*, qui portent leurs propagules à l'extrémité de pseudopodes spéciaux, à côté des espèces comme le *Jungermannia exsecta* qui, dans les Vosges, n'a pas d'autre moyen de propagation que ses conidies, comme le *Barbula papillosa* ou l'*Ulota phyllantha*, on peut citer le *Scapania nemorosa*, qui permet souvent de constater sur une même tige la coëxistence des organes sexuels et des propagules.

On sait que des protonemas se développent parfois aux dépens des cellules de la soie [1], ou de la paroi de l'urne [2]. On ne considère pas d'ailleurs ces cellules comme équivalentes des propagules. L'opinion la plus plausible à leur égard est celle de Kienitz-Gerloff [3], suivant laquelle, la propriété de donner naissance à un protonéma appartient non seulement à l'endothécium, mais aussi à l'amphithécium, malgré sa forte tendance à se localiser dans le péricycle.

On pourrait trouver aussi des liens entre les Mousses et les Thallophytes, dans la nature de leurs tissus. Ces relations se manifestent d'ailleurs dans les différentes portions de la plante, dans le sporogone aussi bien que dans le corps sexué. Les corps chlorophylliens des parois de l'anthéridie prennent tardivement une belle coloration rouge chez les Mousses comme chez les Characées. Le contenu des éléments quiescents (spores ou propagules) rappelle celui des spores de divers Champignons.

La chlorophylle a la propriété de se transformer, dans les spores de quelques espèces, en une variété rouge-brique, comme elle le fait dans les spores de certaines Chlorophycées, où elle est tantôt verte, tantôt rouge, suivant que le développement s'opère dans l'eau ou à l'air. Le *Grimmia apocarpa* nous offre un remarquable exemple de ce phénomène. Les botanistes descripteurs ont remarqué que la capsule de cette Mousse est jaunâtre. Au début, elle est verte, et cette couleur est due uniquement à la chlorophylle de ses parois; les spores sont, à ce stade, entièrement incolores; elles ne tardent pas à revêtir une couleur rouge qui donne au sporogone l'aspect caractéristique. Il en est de même dans le *Pogonatum nanum*, à capsule presque nue, ou dans l'*Encalypta vulgaris*, dont l'urne est cachée par la coiffe très allongée, etc. Des espèces voisines présentent des spores rouges dès le début, ou des spores vertes au moins primitivement, sans que ce caractère essentiellement spécifique semble soumis dans son apparition à des règles bien fixes.

<hr>

1. N. PRINGSHEIM, *Ueber vegetative Sprossung der Moosfrüchte.* (*Monatsber. der kön. Akad. der Wiss. zu Berlin*, 1876.)

2. E. STAHL, *Ueber künstlich hervorgerufene Protonemabildung an dem Sporogonium der Laubmoose.* (*Botan. Ztg.*, 1876.)

3. *Loc. cit.* (1878).

La coloration plus ou moins pourprée est souvent due chez les Mousses à une modification des parois cellulaires.

Ces questions de coloration, quand il ne s'agit pas de pigments essentiels comme les composés rouges, bleus, bruns des Algues, n'ont à nos yeux qu'une médiocre importance taxinomique, car elles sont liées assez directement aux influences extérieures.

Nous n'insisterons pas sur ces homologies des Mousses avec les Thallophytes, parce que nous n'avons pas de guide aussi certain que dans leur comparaison avec les plantes vasculaires. Rappelons toutefois que l'on a cherché, non sans quelque vraisemblance, à rapprocher la structure de la tige feuillée des Mousses de celle de certaines Algues supérieures, comme les produits de *différenciations parallèles*. Ce que l'on peut dire en tous cas, c'est que la phase principale de la vie des Mousses, ou phase de tige feuillée, n'a pas d'équivalent évident dans un autre groupe, en sorte qu'elle constitue la forme propre, caractéristique de la classe et qu'elle mérite le nom de *phase bryophytique*. Voilà pourquoi la tige feuillée tient une place effacée dans l'étude des homologies des Mousses, tandis qu'elle mérite le premier rang dans la classification de ce groupe.

TROISIÈME PARTIE.

LA PLACE DES MOUSSES DANS LE RÈGNE VÉGÉTAL.

En ce qui concerne les homologies des phases réunies sous le nom de génération sexuée, une large place reste à l'hypothèse. D'après une intéressante observation de M. Hy [1], les glandes muqueuses (improprement stomates) des *Anthoceros* pourraient être homologues de l'archégone des Cryptogames vasculaires. La spore donne parfois un corps lamelleux (*Sphagnum* germant sur un support solide), ou bien l'extrémité du protonema se transforme en un tel corps (proembryon de *Tetraphis*). Cette production ressemble à certains prothalles rudimentaires, et la naissance du corps sexué à ses dépens éveille l'idée d'une apogamie de-

1. *Loc. cit.*, page 121.

venue constante avec report de la sexualité sur la génération suivante qui, par le fait, n'est plus qu'une simple phase de la première. Le prothalle des Cryptogames vasculaires pourrait n'être homologue que du protonema et du proembryon des Mousses. La forme des anthérozoïdes est un caractère essentiellement lié au milieu, et sa persistance, chez les Muscinées, opposée à son absence chez les Phanérogames actuelles, trouverait sa raison d'être suffisante dans les conditions biologiques des deux groupes.

Le développement de l'œuf fécondé donne au contraire à la comparaison une base positive. Chez les Cryptogames vasculaires, il n'y a pas de corps massif préexistant à la première feuille : pied, feuille, tige, racine naissent simultanément aux dépens de l'œuf. Il n'y a pas non plus de formation axile préexistante dans les bourgeons de Fougères, qui naissent par apogamie sur le prothalle, comme cela résulte des observations de M. de Bary. « Je n'ai pas suivi, dit l'éminent professeur, la première différenciation du sommet de la tige, ni celle de la cellule terminale, qui est plus tard facile à distinguer. Quoique j'aie souvent fixé mon attention sur ce point, je n'ai pu découvrir que cette cellule se montre plus tôt ou en même temps que la cellule différentiée du sommet de la première feuille[1]. » Il n'est donc pas même certain que la première cellule de la tige préexiste à la première cellule de la feuille.

Chez les Muscinées au contraire et chez les Phanérogames, l'orientation des premières cloisons concorde. Ce fait, peu considérable en lui-même (Kienitz-Gerloff), entraîne une conséquence capitale, qui est la formation d'un corps massif équivalent dans les deux groupes : la tigelle et le sporogone.

Peut-on dire que les Mousses se soient détachées de la souche des Phanérogames plus ou moins haut que les Cryptogames vasculaires ? Certains organes rudimentaires indiquent chez les Mousses une rétrogradation, sans toutefois en préciser l'étendue.

La paléontologie parle en faveur de la divergence antérieure des Cryptogames vasculaires ; mais ses renseignements sont incomplets. Il est même certain que nous ne connaissons pas les Mous-

1. De Bary, *Sur les Fougères apogames et sur le phénomène de l'apogamie en général.* (*Revue internat. des sc. biol.*, 1880, t. V, page 341.)

ses les plus anciennes, puisque celles de l'ère tertiaire présen-
taient à peu près des formes aussi variées que celles de notre
époque et se trouvaient par conséquent déjà en pleine évolution.
La découverte d'empreintes attribuées à une Hépatique (*Mar-
chantites oolithicus*) a permis récemment de reporter à l'oolithe
inférieure l'apparition de cette classe, dont les plus anciens représentants connus jusqu'alors appartenaient à l'éocène [1]. La présence de Birrhides dans le lias avait amené, d'autre part, Heer [2] à
admettre que ces Coléoptères, hôtes habituels des Mousses à notre
époque, témoignaient de l'existence des mêmes végétaux dans
ces temps reculés. Sans doute un argument de cette nature,
malgré son élégance, doit être enregistré avec réserve : le rigoureux enchaînement qui lie de nos jours une espèce, un groupe
donné à des conditions de milieu strictement déterminées ne
prouve pas, qu'à défaut de ces conditions, cette espèce ou ce
groupe n'en supporteraient pas d'équivalentes ; rien ne prouve
que les Mousses auxquelles la sélection naturelle a uni indissolublement les Birrhides actuels aient été indispensables aux Birrhides jurassiques. L'hypothèse du célèbre Heer est très vraisembla-
ble, mais demande confirmation.

Si les Mousses avaient été aussi largement réparties dans les
périodes primitives que l'étaient les Cryptogames vasculaires, on
en aurait apparemment trouvé quelques vestiges dans des formations telles que la houille. Quoique les caractères empruntés à la
Paléontologie soient essentiellement négatifs, on est donc auto-
risé à regarder, sinon la première apparition, du moins le développement maximum du type Muscinée, comme bien postérieur à
celui des Cryptogames vasculaires.

Ce que l'on peut affirmer, c'est que les Mousses se sont moins
écartées du tronc des Phanérogames que les Cryptogames vasculaires, puisque la phase fondamentale de tigelle est sautée chez
ces dernières. Tandis que les Cryptogames vasculaires évoluaient
puissamment aux anciennes périodes géologiques et divergeaient

1. Fliche et Bleicher, *Étude sur la flore de l'oolithe inférieure. (Bulletin de
la Soc. des sciences de Nancy, 1882, t. VI, fasc. XIII, page 61.)*

2. Heer, *Le Monde primitif de la Suisse,* traduct. Demole. (Cité par Fliche et
Bleicher, *loc. cit.*)

notablement de la souche des Phanérogames, la souche des Muscinées restait parallèle à cette dernière ou peut-être confondue avec elle. C'est à une époque relativement récente, que Phanérogames et Muscinées auront évolué simultanément pour constituer dans la nature actuelle une association devenue nécessaire par la division du travail, alors que dans les temps géologiques les Cryptogames vasculaires, participant des propriétés biologiques de ces deux groupes, se suffisaient à elles-mêmes pour conquérir à l'empire de la végétation les premières terres sorties du sein des eaux.

Les Phanérogames et les Muscinées forment en grand, dans l'économie de la nature, à notre époque, une symbiose analogue à celle qui enchaîne deux individus d'origines différentes et dont les exemples se sont multipliés dans ces derniers temps [1]. L'évolution corrélative des deux groupes a un point de départ anatomique commun : aux premiers cloisonnements concordants succèdent des corps équivalents, d'une part le sporogone, de l'autre la tigelle qui donnera naissance à la tige feuillée munie de racines. Le péricycle, zone prédestinée au rôle générateur, se comportera différemment en raison du sort ultérieur de la plante considérée. S'agit-il d'une Phanérogame, il entrera en activité tardivement et formera de nouveaux tissus pour augmenter la masse du cormus. Chez les Mousses faites pour ramper et s'étendre en surface, ses cellules donneront de nouveaux individus. Le rôle des Phanérogames a donc assuré leur évolution rapide dans le sens du perfectionnement de la tige; celui des Mousses a entraîné un développement exagéré de la phase thallophytique ; mais celle-ci, modifiée et compliquée, a donné naissance à un type nouveau et spécial. Ce type bryophytique, réalisé par la tige feuillée et sexuée, suivra une progression ascendante et souvent parallèle à celle du sporogone, comme le fait justement remarquer M. Hy, bien qu'il tire de ce fait des conclusions d'un autre ordre.

1. Cette symbiose n'est pas toujours suffisamment comprise des horticulteurs, qui suppléent par des moyens artificiels coûteux aux services rendus par les Mousses aux Phanérogames sauvages ; ces mauvaises herbes sont parfois d'utiles serviteurs qui, en retour d'un peu d'ombrage, assurent aux racines une fraîcheur mal compensée par un arrosage méthodique.

Le développement considérable de la phase sexuée n'est donc pas dans le type des Mousses un indice d'infériorité, puisque dans les limites de la classe il caractérise les formes élevées. Il en résulte que les partisans de la théorie des générations alternantes, en insistant sur la régression de la génération sexuée des Muscinées inférieures aux Muscinées supérieures, de celles-ci aux Cryptogames vasculaires et des Cryptogames vasculaires aux Phanérogames, s'appuyaient sur un principe inexact. Leurs adversaires se sont empressés de les mettre en contradiction avec les faits; mais cette contradiction est plus apparente que réelle et n'atteint nullement la théorie en elle-même; les faits rétablis le montrent clairement. Toutefois il est peut-être utile de modifier la signification que les botanistes attribuent communément aux générations alternantes et de ne pas limiter forcément à deux le nombre des générations successives, bien que ce nombre soit habituel. De même que certains Crustacés traversent, avant d'acquérir les organes de reproduction, une série de phases agames correspondant à l'état adulte et sexué de Crustacés moins élevés[1], ainsi les végétaux passent par un nombre indéterminé de formes rappelant leur filiation. Il est possible qu'une espèce ait présenté simultanément deux phases sexuées; mais dans cette hypothèse, l'apogamie d'une des générations est imminente. Les végétaux connus n'offrent aucun exemple de cette coexistence qui est extrêmement rare dans le règne animal (*Rhabditis nigrovenosa*, où l'une des phases semble passer à l'apogamie). La suppression des organes reproducteurs dans la génération stérile peut laisser subsister une reproduction agame ou par spores (apogamie au sens propre) ou même être totale par suppression des spores elles-mêmes, ce que M. Bower a désigné récemment sous le nom d'aposporie[2]. Les Mousses présentent une phase thallophytique apogame sans spores, une phase bryophytique sexuée (où du moins l'apogamie est exceptionnelle), enfin une phase phanérogamique agame où les spores ont une origine tout à fait spéciale. Cette manière d'envisager l'alternance des générations rappelle

1. Voy. BALFOUR, *Traité d'embryologie*, trad. fr., t. I, page 439.
2. BOWER, *On Apospory in Ferns.* (*Journal of the Linnean Society*, 1885, t. XXI.)

plutôt la théorie des métamorphoses; la limite entre les générations alternantes et les métamorphoses est au reste bien arti-
ficielle.

Chez les Phanérogames, la phase thallophytique n'a plus sa
raison d'être et disparaît presque totalement des Gymnospermes
aux Angiospermes.

La phase de tige feuillée des Mousses est, jusqu'à un certain
point, parallèle à la phase vasculaire des Phanérogames : elle succède aussi à la phase de tigelle. Il y a pourtant une différence
capitale résultant de l'interposition d'une spore quiescente, qui
détermine une évolution nouvelle commençant à la phase thallophytique. Il en est de même, si le corps quiescent (propagule ou
spore conidienne) provient de la tige sexuée. Par suite, le grand
segment du cycle évolutif ou segment bryophytique est plus intimement lié au type thallophytique dont il dérive qu'au type phanérogamique ; voilà pourquoi nous maintenons qu'il n'y a pas d'homologie entre la tige feuillée des Mousses et celle des plantes
vasculaires et que, plus la perfection de la première la rapproche
de la seconde, plus elle s'en éloigne au point de vue génétique,
puisque c'est par des voies différentes que leur organisation est
parvenue à un niveau comparable et que c'est dans les états
les plus inférieurs qu'elles divergeaient le moins de leur commune origine. Nous voyons au contraire dans le sporogone les
caractères anatomiques de la tige des plantes vasculaires réalisés
indépendamment de toute opposition de membres.

En résumé, on distingue dans la vie d'une Mousse trois phases
dont les deux premières restent confondues chez l'*Anthoceros* :
1° la phase *thallophytique*, réduite à l'état de vestige ; 2° la phase
bryophytique, qui occupe la plus grande place et dont on ne
retrouve pas d'équivalent parfait en dehors de ce groupe, si ce
n'est chez les Hépatiques ; 3° la phase *phanérogamique*, qui est
rudimentaire et semble avoir été mieux représentée chez certaines
Mousses éteintes.

EXPLICATION DES PLANCHES

A. — Homologies du sporogone.

PLANCHE I.

Splachnum ampullaceum.

Fig. 1. — Jonction de la soie et de l'apophyse. — *Ep*, épiderme ; *éc*, écorce ; *cyl*, cylindre central.

Fig. 2. — Région moyenne de l'apophyse.

Fig. 3. — Région inférieure de l'apophyse.

Fig. 4. — Région moyenne de l'apophyse jeune.

Fig. 5. — Capsule très jeune, où l'on distingue : l'épiderme, l'écorce avec l'endoderme granuleux, le cylindre central avec son péricycle sporogène.

Fig. 6. — Apparition de la lacune annulaire. — *ep*, épiderme ; *lac*, lacune annulaire ; *end*, endoderme ; *pér*, péricycle.

Fig. 7. — Épiderme.

Fig. 8. — Stomate.

Fig. 9. — Région stomatique de l'apophyse.

N. B. Toutes ces figures sont empruntées à des coupes transversales.

Orthotrichum tenellum.

Fig. 10. — Épiderme de la capsule jeune ; les cellules épidermiques se dressent autour du stomate.

Fig. 11. — Épiderme de la capsule mûre. Orifice stelliforme dû à la convergence des cellules épidermiques au-dessus du stomate.

Fig. 12. — Coupe transversale comprenant un stomate. — *ep*, assise superficielle ; *ep'*, assise profonde de l'épiderme localement dédoublé : *lac*, lacune annulaire.

Hypnum rutabulum.

Fig. 13. — Coupe radiale dans la région du péristome. — *p i*, Péristome interne ; *p e*, péristome externe ; *lac*, lacune annulaire ; *An*, cellule basilaire de l'opercule élargie au contact de l'anneau.

PLANCHE II.

Grimmia pulvinata.

Fig. 14. — Épiderme au voisinage de l'articulation de l'opercule. — A, opercule ; B, anneau ; C, urne (coupe radiale).

Fissidens taxifolius.

Fig. 15. — Base de l'opercule. Recloisonnement des assises extérieures.

Fig. 16. — Région operculaire, un peu plus haut que dans la figure 15. Cloisonnement épidermique secondaire. — A, péristome externe.

Fig. 17. — Progression de la coloration brune à partir du stomate et de la chambre hypostomatique. — A, bouchon intercellulaire de substance brune. (Trois coupes transversales.)

Hypnum rutabulum.

Fig. 18. — Coupe tangentielle de l'écorce dans la région stomatique d'un col âgé, montrant l'invasion et la coloration progressives de la substance intercellulaire. — e, espace encore libre dans la partie profonde ; la partie la plus superficielle est à gauche.

Polytrichum commune.

Fig. 19-21. — Trois coupes d'un stomate âgé, dont la cloison s'est résorbée vers les pôles. — 21, coupe équatoriale ; 20, coupe dans la région où les deux cellules stomatiques communiquent ; 19, zone intermédiaire aux précédentes.

Fig. 24. — Épiderme de l'urne à parois épaissies (coupe transversale).

Pogonatum aloïdes.

Fig. 22. — Épiderme papilleux de la capsule (coupe transversale).

Pogonatum nanum.

Fig. 23. — Épiderme non papilleux de la capsule (coupe transversale).

Fissidens taxifolius.

Fig. 25. — Passage de la lacune annulaire aux simples méats, au sommet de la capsule.

Grimmia apocarpa.

Fig. 26. — Coupe radiale du pied et de la base de la soie.

PLANCHE III.

Phascum cuspidatum.

Fig. 27. — Soie et vaginule (coupe transversale).

Fig. 28. — Soie près de l'orifice de la vaginule. Celle-ci est incomplètement figurée (coupe transversale).

Fig. 29. — Épiderme de l'urne vu de face.

Fig. 30. — Urne jeune dans la région moyenne. Les lettres comme dans la figure 6 (coupe transversale).

Grimmia apocarpa.

Fig. 31. — Épiderme étalé du voisinage de l'articulation de l'opercule. — A, ligne de déhiscence ; les membranes épidermiques, colorées en rouge, sont indiquées par un trait plus gros ; BB, niveau de la base des dents du péristome, qui forment un fond rouge sur lequel se dessine l'épiderme.

Funaria hygrometrica.

Fig. 32. — Coupe radiale montrant la différence de structure de l'écorce entre les régions capsulaire sans stomates et cervicale à stomates.

B. — Homologies de la tige feuillée.

Phascum cuspidatum.

Fig. 33. — Coupe transversale de la nervure et de la portion voisine d'une feuille.

Jungermannia minuta.

Fig. 34. — Chaîne de propagules.
Fig. 35. — Propagule isolé.

Scapania nemorosa.

Fig. 36. — Arbuscule de propagules à l'extrémité d'une feuille.
Fig. 37. — Propagules isolés.

Tetraphis pellucida.

Fig. 38. — Propagule dont une cellule marginale et une cellule faciale sont en germination.

Sphagnum cymbifolium.

Fig. 39. — Tige jeune. — Coupe tangentielle de la région périphérique, montrant, aux points qui deviendront des trous, des diaphragmes auxquels le protoplasma reste adhérent après contraction par l'alcool.
Fig. 40. — Tige jeune. — Coupe transversale montrant les mêmes diaphragmes.

Nancy, imprimerie Berger-Levrault et Cie.

www.ingramcontent.com/pod-product-compliance
Lightning Source LLC
Chambersburg PA
CBHW051638060726
47597CB00004B/1619